"十四五"高等职业教育新形态一体化教材

高职本科专业课程系列

桌面云技术与应用

张沛昊　余久方◎主　编
　　　　　骆　平◎副主编
　　　　　王勤明◎主　审

中国铁道出版社有限公司
CHINA RAILWAY PUBLISHING HOUSE CO., LTD.

内 容 简 介

本书根据高等职业教育本科院校"桌面云技术与应用"课程教学需求编写,以目前在各行业广泛使用的桌面云技术为例,采用教、学、做相结合的模式,系统讲解主流桌面云解决方案的通用架构、规划设计、部署与运维等。全书首先介绍云计算、桌面云的概念及应用场景,并基于虚拟化软件在个人计算机上模拟部署一个基本的桌面云实验环境,包括域控制器、服务器虚拟化、桌面虚拟化、应用虚拟化等功能模块,并结合业务场景讲解桌面云的业务和运维操作,最后对企业级桌面云进行拓展与总结。

本书注重知识的实用性和可操作性,强调职业技能训练,将构建桌面云的复杂过程分解为 8 个项目并进行版本迭代。读者的实验操作始终与应用场景紧密结合,便于理解桌面云的理论知识。

本书适合作为高等职业教育本科院校网络工程技术专业、云计算技术专业的教材,也可作为云计算爱好者、桌面云实施和运维工程师的参考书。

图书在版编目（CIP）数据

桌面云技术与应用 / 张沛昊,余久方主编. -- 北京：
中国铁道出版社有限公司,2024.12. -- （"十四五"高
等职业教育新形态一体化教材）. -- ISBN 978-7-113
-30941-1
Ⅰ. TP393.027
中国国家版本馆 CIP 数据核字第 2024X9P535 号

书　　名：**桌面云技术与应用**
作　　者：张沛昊　余久方

策　　划：张围伟　汪　敏　　　　　　　　　编辑部电话：（010）51873135
责任编辑：汪　敏　彭立辉
封面设计：高博越
责任校对：安海燕
责任印制：赵星辰

出版发行：中国铁道出版社有限公司（100054,北京市西城区右安门西街 8 号）
网　　址：https://www.tdpress.com/51eds
印　　刷：天津嘉恒印务有限公司
版　　次：2024 年 12 月第 1 版　2024 年 12 月第 1 次印刷
开　　本：787 mm×1 092 mm　1/16　印张：11.5　字数：273 千
书　　号：ISBN 978-7-113-30941-1
定　　价：35.00 元

版权所有　侵权必究

凡购买铁道版图书,如有印制质量问题,请与本社教材图书营销部联系调换。电话：（010）63550836
打击盗版举报电话：（010）63549461

编审委员会

总顾问：谭浩强（清华大学） 　　　　　　　　　黄心渊（中国传媒大学）

主　任：高　林（北京联合大学）

副主任：鲍　洁（北京联合大学） 　　　　　　　眭碧霞（常州信息职业技术学院）

　　　　孙仲山（宁波职业技术学院） 　　　　　秦绪好（中国铁道出版社有限公司）

委　员：（按姓氏笔画排序）

　　　　于　京（北京电子科技职业学院） 　　　于　鹏（新华三技术有限公司）
　　　　于大为（苏州信息职业技术学院） 　　　万　冬（北京信息职业技术学院）
　　　　万　斌（珠海金山办公软件有限公司） 　王　芳（浙江机电职业技术学院）
　　　　王　坤（陕西工业职业技术学院） 　　　王　忠（海南经贸职业技术学院）
　　　　方凤波（荆州职业技术学院） 　　　　　方水平（北京工业职业技术学院）
　　　　左晓英（黑龙江交通职业技术学院） 　　龙　翔（湖北生物科技职业学院）
　　　　史宝会（北京信息职业技术学院） 　　　乐　璐（南京城市职业学院）
　　　　吕坤颐（重庆城市管理职业学院） 　　　朱伟华（吉林电子信息职业技术学院）
　　　　朱震忠（西门子（中国）有限公司） 　　邬厚民（广州科技贸易职业学院）
　　　　刘　松（天津电子信息职业技术学院） 　汤　徽（新华三技术有限公司）
　　　　许建豪（南宁职业技术学院） 　　　　　阮进军（安徽商贸职业技术学院）
　　　　孙　刚（南京信息职业技术学院） 　　　孙　霞（嘉兴职业技术学院）
　　　　芦　星（北京久其软件有限公司） 　　　杜　辉（北京电子科技职业学院）
　　　　李军旺（岳阳职业技术学院） 　　　　　杨文虎（山东职业学院）
　　　　杨龙平（柳州铁道职业技术学院） 　　　杨国华（无锡商业职业技术学院）
　　　　吴　俊（义乌工商职业技术学院） 　　　吴和群（呼和浩特职业学院）
　　　　汪晓璐（江苏经贸职业技术学院） 　　　张　伟（浙江求是科教设备有限公司）
　　　　张明白（百科荣创（北京）科技发展有限公司） 陈小中（常州工程职业技术学院）
　　　　陈子珍（宁波职业技术学院） 　　　　　陈云志（杭州职业技术学院）
　　　　陈晓男（无锡科技职业学院） 　　　　　陈祥章（徐州工业职业技术学院）

邵　瑛（上海电子信息职业技术学院）　　武春岭（重庆电子工程职业学院）

苗春雨（杭州安恒信息技术股份有限公司）　罗保山（武汉软件职业技术学院）

周连兵（东营职业学院）　　　　　　　郑剑海（北京杰创科技有限公司）

胡大威（武汉职业技术学院）　　　　　胡光永（南京工业职业技术大学）

姜大庆（南通科技职业学院）　　　　　聂　哲（深圳职业技术学院）

贾树生（天津商务职业学院）　　　　　倪　勇（浙江机电职业技术学院）

徐守政（杭州朗迅科技有限公司）　　　盛鸿宇（北京联合大学）

崔英敏（私立华联学院）　　　　　　　葛　鹏（随机数（浙江）智能科技有限公司）

焦　战（辽宁轻工职业学院）　　　　　曾文权（广东科学技术职业学院）

温常青（江西环境工程职业学院）　　　赫　亮（北京金芥子国际教育咨询有限公司）

蔡　铁（深圳信息职业技术学院）　　　谭方勇（苏州职业大学）

翟玉锋（烟台职业技术学院）　　　　　樊　睿（杭州安恒信息技术股份有限公司）

秘　书：翟玉峰（中国铁道出版社有限公司）

序

　　2021年十三届全国人大四次会议表决通过的《中华人民共和国国民经济和社会发展第十四个五年规划和2035年远景目标纲要》，对我国社会主义现代化建设进行了全面部署。"十四五"时期对教育的定位是建立高质量的教育体系，对职业教育的定位是增强职业教育的适应性。当前，在百年未有之大变局下，在"十四五"开局之年，如何切实推动落实《国家职业教育改革实施方案》《职业教育提质培优行动计划（2020—2023年）》等文件要求，是新时代职业教育适应国家高质量发展的核心任务。随着新科技和新工业化发展阶段的到来和我国产业高端化转型，必然引发企业用人需求和聘用标准发生新的变化，以人才需求为起点的高职人才培养理念使创新中国特色人才培养模式成为高职战线的核心任务，为此国务院和教育部制定和发布了包括"1+X"职业技能等级证书制度、专业群建设、"双高计划"、专业教学标准、信息技术课程标准、实训基地建设标准等一系列的文件，为探索新时代中国特色高职人才培养指明了方向。

　　要落实国家职业教育改革一系列文件精神，培养高质量人才，就必须解决"教什么"的问题，必须解决课程教学内容适应产业新业态、行业新工艺、新标准要求等难题，教材建设改革创新就显得尤为重要。国家这几年对于职业教育教材建设加大了力度，2019年，教育部发布了《职业院校教材管理办法》（教材〔2019〕3号）、《关于组织开展"十三五"职业教育国家规划教材建设工作的通知》（教职成司函〔2019〕94号），在2020年又启动了《首届全国教材建设奖全国优秀教材（职业教育与继续教育类）》评选活动，这些都旨在选出具有职业教育特色的优秀教材，并对下一步如何建设好教材进一步明确了方向。在这种背景下，中国铁道出版社有限公司邀请我与鲍洁教授共同策划组织了"'十四五'高等职业教育新形态一体化教材"，邀请我国知名计算机教育专家谭浩强教授、全国高等院校计算机基础教育研究会会长黄心渊教授对课程建设和教材编写都提出了重要的指导意见。这套教材在设计上把握了如下几个原则：

1. 价值引领、育人为本。牢牢把握教材建设的政治方向和价值导向，充分体现党和国家的意志，体现鲜明的专业领域指向性，发挥教材的铸魂育人、关键支撑、固本培元、文化交流等功能和作用，培养适应创新型国家、制造强国、网络强国、数字中国、智慧社会需要的不可或缺的高层次、高素质技术技能型人才。

2. 内容先进、突出特性。充分发挥高等职业教育服务行业产业优势，及时将行业、产业的新技术、新工艺、新规范作为内容模块，融入教材中去。并且为强化学生职业素养养成和专业技术积累，将专业精神、职业精神和工匠精神融入教材内容，满足职业教育的需求。此外，为适应项目学习、案例学习、模块化学习等不同学习方式要求，注重以真实生产项目、典型工作任务、案例等为载体组织教学单元的教材、新型活页式、工作手册式等教材，力求教材反映人才培养模式和教学改革方向，有效激发学生学习兴趣和创新潜能。

3. 改革创新、融合发展。遵循教育规律和人才成长规律，结合新一代信息技术发展和产业变革对人才的需求，加强校企合作、深化产教融合，深入推进教材建设改革。加强教材与教学、教材与课程、教材与教法、线上与线下的紧密结合，信息技术与教育教学的深度融合，通过配套数字化教学资源，打造满足教学需求和符合学生特点的新形态一体化教材。

4. 加强协同、锤炼精品。准确把握新时代方位，深刻认识新形势新任务，激发教师、企业人员内在动力。组建学术造诣高、教学经验丰富、熟悉教材工作的专家队伍，支持科教协同、校企协同、校际协同开展教材编写，全面提升教材建设的科学化水平，打造一批满足学科专业建设要求、能支撑人才成长需要、经得起实践检验的精品教材。

按照教育部关于职业院校教材的相关要求，为了充分体现工业和信息化领域相关行业特色，我们以高职专业和课程改革为基础，展开了信息技术课程、专业群平台课程、专业核心课程等所需教材的编写工作。本套教材计划出版4个系列，具体为：

1.信息技术课程系列。教育部发布的《高等职业教育专科信息技术课程标准（2021年版）》给出了高职计算机公共课程新标准，新标准由必修的基础模块和由12项内容组成的拓展模块两部分构成。拓展模块反映了新一代信息技术对高职学生的新要求，各地区、各学校可根据国家有关规定，结合地方资源、学校特色、专业需要和学生实际情况，自主确定拓展模块教学内容。在这种新标准、新模式、新要求下构建了该系列教材。

2.电子信息大类专业群平台课程系列。高等职业教育大力推进专业群建设，基于产业需求的专业结构，使人才培养更适应现代产业的发展和职业岗位的变化。构建具有引领作用的专业群平台课程和开发相关教材，彰显专业群的特色优势地位，提升电子信息大类专业群平台课程在高职教育中的影响力。

3.新一代信息技术类典型专业课程系列。以人工智能、大数据、云计算、移动通信、物联网、区块链等为代表的新一代信息技术，是信息技术的纵向升级，也是信息技术之间及其与相关产业的横向融合。在此技术背景下，围绕新一代信息技术专业群（专业）建设需要，重点聚焦这些专业群（专业）缺乏教材或者没有高水平教材的专业核心课程，完善专业教材体系，支撑新专业加快发展建设。

4.本科专业课程系列。在厘清应用型本科、高职本科、高职专科关系，明确高职本科服务目标，准确定位高职本科基础上，研究高职本科电子信息类典型专业人才培养方案和课程体系，在培养高层次技术技能型人才方面，组织编写该系列教材。

新时代，职业教育正在步入创新发展的关键期，与之配合的教育模式以及相关的诸多建设都在深入探索，本套教材建设按照"选优、选精、选特、选新"的原则，发挥高等职业教育领域的院校、企业的特色和优势，调动高水平教师、企业专家参与，整合学校、行业、产业、教育教学资源，充分认识到教材建设在提高人才培养质量中的基础性作用，集中力量打造与我国高等职业教育高质量发展需求相匹配、内容和形式创新、教学效果好的课程教材体系，努力培养德智体美劳全面发展的高层次、高素质技术技能人才。

  本套教材内容前瞻、体系灵活、资源丰富，是值得关注的一套好教材。

国家职业教育指导咨询委员会委员
北京高等学校高等教育学会计算机分会理事长
全国高等院校计算机基础教育研究会荣誉副会长

2021 年 8 月

前 言

桌面云技术重新定义了计算机的使用方式，越来越多的计算机正以云桌面的形态运行在企业环境中，越来越多的企业和技术人员融入桌面云相关的领域。桌面虚拟化解决方案为企业快速发布、管理及运维桌面提供了一整套技术方法，桌面云产品已形成完整的生态，从桌面虚拟化到应用虚拟化，这些都需要桌面云实施和运维工程师快速掌握并应用。相关行业对桌面云技术人才也提出了迫切的需求，尤其是熟练掌握主流桌面云厂家技术的高级应用型人才更是供不应求。

很多高等职业教育本科院校的云计算技术专业都将"桌面云技术与应用"作为一门重要的专业课程。本书旨在帮助教师全面、系统地讲授这门课程，使学生能够掌握桌面云系统部署和运维的方法及技能。多数高校在使用云计算实验平台时会遇到硬件资源有限、用户管理效率低等问题。尤其是桌面云课程的实验环境对硬件资源要求较高，笔者在教学过程中使用开源技术解决了这些难点。

本书的特色是将复杂的学习过程分解为 8 个项目并进行版本迭代，读者在每次迭代过程中学习理论知识，实验内容始终与场景紧密结合。桌面云技术很实用，也非常复杂。很多教程开篇就介绍桌面云的各种组件、复杂的角色和组网连接，这让初学者很难理解。本书不断引入新的技术进行优化，课程实验从零开始，循序渐进，最终实现一个基础的桌面云环境。企业项目中部署桌面云系统需要使用大量服务器、网络、存储器等昂贵的物理设备，大部分读者是接触不到的。因此本书在设计实验内容时，是基于普通的个人计算机，使用虚拟化软件模拟实现一个基础的桌面云实验环境，实验过程和效果接近物理环境。

全书使用项目化教学方式，按照从理论基础到动手实验的逻辑进行组织：项目 1 介绍云计算和桌面云的基本概念、特征、应用场景等知识，并创建实验环境；项目 2 主要讲解企业 IT 基础架构中常用的服务及使用场景，并动手部署服务，设计测试场景进行验证；项目 3 针对项目 2 存在的资源问题进行版本优化，使用服务器虚拟化技术部署虚拟化系统，并要求掌握服务器的管理和虚拟机业务等基本操作，设计测试场景进行验证；项目 4 针对项目 3 存在的桌面管理缺陷进行版本优化，讲解桌面虚拟化系统的作用，基于实验环境部署思杰桌面虚拟化系统；项目 5 和项目 6 结合应用场景介绍桌面云的专业术语及业务操作；项目 7 介绍桌面云的运维工具及自动化运维；项目 8 介绍如何充分利用现有物理计算机设备进行桌面的发放；全书最后对企业级桌面云进行拓展与总结。

本书建议学时为 50 学时，课时分配如下表所示。

内　容	理 论 学 时	实 验 学 时
项目 1　初识桌面云	2	2
项目 2　IT 基础架构	4	4
项目 3　服务器虚拟化	4	4
项目 4　桌面虚拟化	4	4
项目 5　桌面云业务	4	4
项目 6　应用虚拟化	2	2
项目 7　桌面云运维	2	2
项目 8　物理桌面运维	2	2
项目总结	2	0
合计	26	24
总计	50	

本书由张沛昊、余久方任主编，骆平任副主编。其中，张沛昊编写项目 1~项目 4，余久方编写项目 5~项目 8，骆平编写项目总结并提供技术支持。全书由王勤明主审。感谢南京工业职业技术大学张庆恒工程师的技术支持。

由于时间仓促，编者水平有限，书中难免存在疏漏与不妥之处，敬请广大读者批评指正，课程 QQ 群：726717444。课程资源可从中国铁道出版社有限公司教育资源数字化平台 https://www.tdpress.com/51eds 获取。

编　者
2024 年 3 月

目 录

项目 1　初识桌面云 1
1.1　场景 2
1.2　理论基础 3
1.2.1　云计算的定义 3
1.2.2　桌面云的定义 4
1.2.3　桌面云的发展 4
1.2.4　桌面云的优势 6
1.2.5　桌面云的架构 8
1.3　项目设计 9
1.3.1　项目内容 10
1.3.2　项目资源 10
1.3.3　项目拓扑设计 11
1.4　项目实施 12
1.4.1　创建虚拟网络 12
1.4.2　创建虚拟客户机 13
1.4.3　客户机初始化 17
1.4.4　客户机基础配置 19
1.5　项目测试 20
小结 22
习题 22

项目 2　IT 基础架构 23
2.1　场景 24
2.2　理论基础 25
2.2.1　域 25
2.2.2　域控制器 25
2.2.3　AD 26
2.2.4　DNS 27
2.2.5　DHCP 28
2.3　项目设计 29
2.3.1　项目内容 29
2.3.2　项目资源 29
2.3.3　项目拓扑设计 29
2.4　项目实施 30
2.4.1　创建虚拟服务器 30
2.4.2　服务器初始化 31
2.4.3　服务器基础配置 32
2.4.4　部署 AD 域服务 33
2.4.5　部署 DNS 服务 42
2.4.6　部署 DHCP 服务 44

2.5 项目测试 ... 48
    2.5.1 验证 DHCP ... 48
    2.5.2 验证 DNS ... 49
    2.5.3 验证 AD ... 50
    2.5.4 验证远程桌面 ... 51
小结 ... 53
习题 ... 53

项目 3　服务器虚拟化 ... 54

3.1 场景 ... 55
3.2 理论基础 ... 55
    3.2.1 服务器虚拟化的定义 ... 55
    3.2.2 服务器虚拟化的主流产品 ... 57
    3.2.3 服务器虚拟化的通用结构 ... 57
3.3 项目设计 ... 58
    3.3.1 项目内容 ... 58
    3.3.2 项目资源 ... 58
    3.3.3 项目拓扑设计 ... 59
3.4 项目实施 ... 61
    3.4.1 创建虚拟服务器 ... 61
    3.4.2 服务器初始化 ... 62
    3.4.3 服务器基础配置 ... 67
    3.4.4 虚拟机业务操作 ... 71
3.5 项目测试 ... 77
    3.5.1 验证网络功能 ... 77
    3.5.2 验证远程桌面功能 ... 78
小结 ... 78
习题 ... 79

项目 4　桌面虚拟化 ... 80

4.1 场景 ... 81
4.2 理论基础 ... 81
    4.2.1 桌面虚拟化的定义 ... 81
    4.2.2 桌面虚拟化的主流产品 ... 82
    4.2.3 XenDesktop 桌面虚拟化系统的结构 ... 82
4.3 项目设计 ... 84
    4.3.1 项目内容 ... 84
    4.3.2 项目资源 ... 84
    4.3.3 项目拓扑设计 ... 84
4.4 项目实施 ... 85

　　　　4.4.1　创建虚拟服务器 ………………………………………………… 85
　　　　4.4.2　服务器初始化 …………………………………………………… 86
　　　　4.4.3　服务器基础配置 ………………………………………………… 86
　　　　4.4.4　部署 XenDesktop 桌面管理系统 ……………………………… 88
　　　　4.4.5　创建站点 ………………………………………………………… 91
　　4.5　项目测试 ……………………………………………………………………… 96
　小结 …………………………………………………………………………………… 97
　习题 …………………………………………………………………………………… 98

项目 5　桌面云业务 ……………………………………………………………………… 99

　　5.1　场景 …………………………………………………………………………… 100
　　5.2　理论基础 ……………………………………………………………………… 100
　　　　5.2.1　桌面组类型 ……………………………………………………… 100
　　　　5.2.2　VDA 工作原理 …………………………………………………… 101
　　5.3　项目设计 ……………………………………………………………………… 101
　　　　5.3.1　项目内容 ………………………………………………………… 101
　　　　5.3.2　项目资源 ………………………………………………………… 102
　　　　5.3.3　项目拓扑设计 …………………………………………………… 102
　　5.4　项目实施 ……………………………………………………………………… 103
　　　　5.4.1　制作桌面模板 …………………………………………………… 103
　　　　5.4.2　发放静态桌面 …………………………………………………… 108
　　　　5.4.3　发放随机桌面 …………………………………………………… 123
　　5.5　项目测试 ……………………………………………………………………… 129
　小结 ………………………………………………………………………………… 132
　习题 ………………………………………………………………………………… 132

项目 6　应用虚拟化 …………………………………………………………………… 133

　　6.1　场景 …………………………………………………………………………… 134
　　6.2　理论基础 ……………………………………………………………………… 134
　　　　6.2.1　应用虚拟化 ……………………………………………………… 134
　　　　6.2.2　应用虚拟化的优势 ……………………………………………… 135
　　　　6.2.3　应用虚拟化的技术原理 ………………………………………… 135
　　6.3　项目设计 ……………………………………………………………………… 137
　　　　6.3.1　项目内容 ………………………………………………………… 137
　　　　6.3.2　项目资源 ………………………………………………………… 137
　　　　6.3.3　项目拓扑设计 …………………………………………………… 137
　　6.4　项目实施 ……………………………………………………………………… 138
　　　　6.4.1　部署应用服务器 ………………………………………………… 138
　　　　6.4.2　基于服务器操作系统发布应用 ………………………………… 141

6.5	项目测试	144
	小结	145
	习题	146

项目 7　桌面云运维 147

7.1	场景	148
7.2	理论基础	148
	7.2.1　运维工程师的工作职责	148
	7.2.2　桌面运维工具	149
7.3	项目设计	149
	7.3.1　项目内容	149
	7.3.2　项目资源	149
	7.3.3　项目拓扑设计	149
7.4	项目实施	150
	7.4.1　Director 工具	150
	7.4.2　PowerShell 自动化脚本	153
7.5	项目测试	155
	小结	155
	习题	155

项目 8　物理桌面运维 157

8.1	场景	157
8.2	理论基础	158
8.3	项目设计	159
	8.3.1　项目内容	159
	8.3.2　项目资源	159
	8.3.3　项目拓扑设计	159
8.4	项目实施	160
	8.4.1　安装 VDA 代理	160
	8.4.2　创建计算机目录	161
	8.4.3　创建交付组	162
8.5	项目测试	165
	小结	165
	习题	165

项目总结 166

参考文献 170

项目 1

初识桌面云

学习目标

- 了解云计算的定义。
- 理解桌面云的定义与发展。
- 理解桌面云的优势与架构。
- 掌握虚拟化软件的基本操作。
- 掌握微软远程桌面的基本操作。

项目结构图

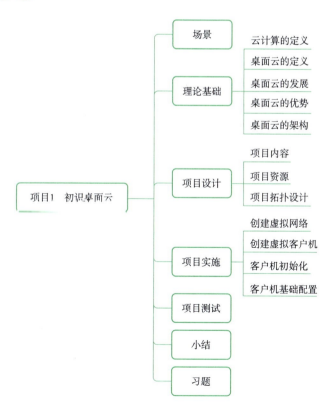

桌面云是云计算领域的重要应用。桌面云基于服务器虚拟化、桌面虚拟化、应用虚拟化等技术，借助客户端设备为用户提供桌面环境，所有的应用和数据均存放在云端的数据中心，比传统的本地计算机更安全可靠。本项目主要介绍桌面云的应用场景、概念与特征、架构与技术等，同时使用虚拟化软件创建实验环境，通过微软远程桌面初步认识桌面。通过学习本项目内容，读者可了解桌面云相关的应用，拓展思维，为后续项目的学习夯实基础。

1.1 场景

李工是某高校信息化处的管理人员，负责全校数据中心的日常运维工作，在桌面运维、业务上云、信息安全等方面拥有丰富的工作经验。目前该校已实现"一人一桌面"的新型信息化教学环境，为全校师生提供了安全可靠的办公和教学环境。校园用户可以随时随地使用云端的计算机桌面，即使在家中也可以通过桌面远程访问学校内部的服务资源。通过这个案例，可以看到桌面云在教育行业的应用价值。目前，各行各业都已广泛使用桌面云，例如医疗桌面云、政务桌面云、交通桌面云等。桌面云与各行业深度融合并产生重要价值，如图 1-1 所示。

图 1-1 行业桌面云

人们在日常工作和生活中使用桌面云频率较高的场景如下：

1. 企业办公

随着智能设备的普及，企业员工处理工作任务时不再局限于办公室的计算机面前，还可以在家中通过企业提供的桌面云系统，轻松实现在个人计算机、手机、平板计算机等智能设备上远程连接办公室的计算机或企业内网的服务器，不再受地点、设备和时间的限制。企业将办公桌面集中部署在数据中心的服务器上，用户可以通过云终端、个人计算机、智能终端等接入云平台，从而实现桌面的集中部署、快速交付和统一维护，提升企业的信息化水平。

2. 线上教学

近年来，线上教学模式得到推广，用户对线上教育资源的需求不断增加。部分课程需要使用学校或培训机构内部的实验资源，但这些内部资源不能直接在互联网上访问，导致课程无法在线上开展。借助桌面云技术将内网的实验环境提供给互联网用户接入使用，满足线上教学的需求。

3．云教室

基于传统 PC 的电子教室在 IT 维护、噪声控制、运行稳定性、节能减排等方面存在较多弊端，通过云教室解决方案，将桌面虚拟化技术和电子教室完美结合，改变传统电子教室的结构，实现资源集中化、管理智能化、维护简单化。云教室可以满足高校的课程教学、等级考试等重点需求，并解决传统机房能耗高、管理效率低等问题。通过教学管理软件，提供多种师生互动手段和课堂管理方式，为师生提供高效良好的教学体验。在教学过程中，教师可以定制课程的镜像，在上课前根据学生数量批量创建桌面主机，下课后自动还原桌面。在等级考试过程中，管理员可以定制考试模板机并批量创建，考试结束后批量删除桌面。相比于传统机房，桌面云教室的管理效率更高，当用户桌面出现故障时，自动从桌面池中重新分配即可使用。

4．呼叫中心

企业客服人员的桌面通常只需要安装浏览器、呼叫中心客户端等软件，进行简单的业务操作，不需要在桌面保存用户数据。该类型桌面可以根据客服人员的数量进行快速批量创建和销毁。在桌面关机或重启后，系统盘和数据盘均不保留个人数据。基于桌面云的呼叫中心可以帮助企业快速、低成本地建立与用户的沟通，持续提升客户体验。

5．涉密单位

部分单位的信息安全级别较高，如银行、研究所等机构。桌面云提供了完善的安全机制，通过设置安全策略来保障信息安全。例如，配置网络参数，仅允许内网用户访问内部资源；配置外设使用策略，禁用 U 盘等外接设备；配置公用桌面以满足来宾用户访问外网的需求等。

1.2 理论基础

在学习桌面云技术的过程中，会遇到很多术语，如云计算、桌面云、云桌面等。本书力求以通俗易懂的方式进行讲解，并通过项目实战加深对概念的理解。

1.2.1 云计算的定义

在介绍云计算概念之前，先以现在非常流行的公有云为例进行说明。互联网用户在公有云上购买一台云主机后，可以做很多事情，例如搭建自己的博客站点、部署个人专属网盘等，这些工作在 10 分钟内即可轻松完成。在云计算技术出现之前，普通用户想要实现这些功能是非常困难的，需要准备各种硬件及软件资源。如今借助云计算技术，用户只需要在公有云上按需购买云服务器即可开启云计算的旅程。因此，云计算在很多场合也被誉为第三次信息技术革命。

上述例子中，用户通过网络即可轻松使用公有云的计算资源，且使用成本非常低。由此引出云计算的概念，即云计算是一种通过网络提供计算资源的模式或服务。在该模式下，用户按需购买并使用由云服务商提供的计算资源（包括服务器、网络、存储、操作系统和软件等)。联想到人们的日常生活离不开水、电、煤等基础设施,云计算也可以类比成 IT 领域的基础设施,很多高阶技术都依托于底层的云计算资源才能更好地实现应用。例如,大数据、区块链、桌面云、人工智能等技术均可以在底层使用云计算平台提供的资源,如图 1-2 所示。本书讲解的桌面云就是一种典型的基于云计算的上层应用。

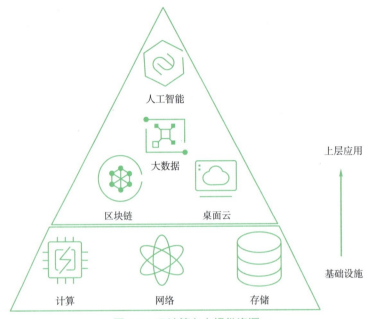

图 1-2　云计算向上提供资源

1.2.2　桌面云的定义

桌面云是一种采用云计算技术提供虚拟桌面的服务,将用户的计算机运行在云端的数据中心,用户通过终端设备联网即可登录使用,且使用体验接近传统的物理 PC。桌面云具有集中管理、安全可靠、节约成本、绿色节能等优势。管理员不再需要人工维护大量位于不同地址位置的物理 PC,通过桌面云平台的简单操作即可向用户交付云端虚拟计算机桌面(简称云桌面)。用户可以突破时间、地点、设备的限制,随时随地接入到云桌面,有效解决远程办公、网络授课等场景遇到的各种难题。桌面云产品的用户数量不断上升,良好的用户体验及安全稳定的使用环境,都将促使桌面云行业保持稳步发展。

图 1-3 所示为桌面云与云桌面的应用示意图,其中云桌面是用户的使用对象,将传统 PC 端的桌面系统(如 Windows 系统)运行在云端,用户在本地通过软件或硬件终端作为入口,将云桌面投屏到用户侧。在用户使用过程中,所有计算工作均在云端完成。

1.2.3　桌面云的发展

桌面云的历史可以追溯到 20 世纪 70 年代,IBM 公司的主机终端计算模式实现了多用户间资源共享的需求,但这种模式所使用的大型机价格非常昂贵,导致无法普及。随着 IT 技术的发展以及硬件价格的降低,迎来了个人 PC 时代。微软公司的 Windows 操作系统占据了绝大部分桌面市场份额。在 20 世纪 90 年代,Citrix(思杰)公司研发了桌面协议,可以支持更多的网络协议和接入方式。2000 年,Windows 2000 操作系统内置了远程桌面服务(remote desktop service，RDS），作为桌面虚拟化技术的开端。桌面云真正发力的阶段在 2006 年，VMware 公司向业界推出了第一代桌面云解决方案，得到了整个业界的广泛认可，使得其他厂商都开始投入大量人员开始研发，桌面云进入了快速发展时期。随着企业工作方式转型，以及云上 DaaS（desktop as a service，桌面即服务）模式的高速发展，桌面云市场迸发出了新的活力。

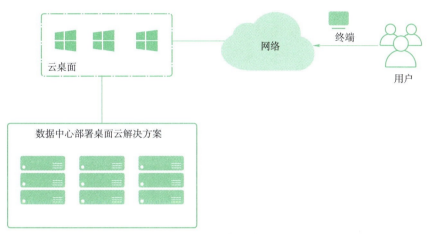

图 1-3　桌面云与云桌面应用示意图

目前，桌面云领域的头部研发厂商 Citrix 和 VMware 分别聚焦于不同的研究方向。Citrix 公司侧重研究桌面协议的优化，在桌面虚拟化的核心技术上进行研发已超过 30 年之久，其自研桌面协议的性能长期保持业界第一。而 VMware 公司则是以虚拟化技术起家，在服务器虚拟化领域深耕，其虚拟化解决方案整体市场占比超过 90%。国内桌面云企业从 2010 年开始陆续发力，主流厂商包括阿里云、华为、锐捷、深信服等，自主研发的核心技术包括计算资源虚拟化、远程显示协议优化、网络抗抖动、USB 设备远程接入等。

国家工业信息安全发展研究中心下属研究单位计世资讯（CCW Research）发布的《2021—2022 年中国桌面云市场发展研究报告》（以下简称《报告》）表明，数据安全需求、新应用场景的匹配等因素成为推动桌面云市场发展的重要原因。未来，中国桌面云市场的发展将呈现如下特点：

（1）平台化管理将成为应用焦点。越来越多的企业开始研发桌面云平台并针对企业云架构进行平台化管理，结合数据应用提供共享服务，拉动企业内部的云计算资源供应与需求。对内可以协调供应商资源，提供更多的融合方案；对外则可以为更多的云消费者赋能，承担技术能力输出的重任。

（2）GPU 广泛应用于计算密集型桌面。基于 GPU 构建的桌面云产品具备更高的图形处理性能，无论是采用 GPU 直通模式还是 GPU 虚拟化模式，都会保障用户在复杂的数字图像场景中享受流畅的云桌面体验。伴随桌面云业务的持续创新，企业对大数据分析、复杂图形处理、多媒体编辑、VR 与 AR 等应用场景的 GPU 需求持续增长，带有 GPU 的桌面产品市场有望持续扩容。教育行业也迫切需要支持 vGPU 的桌面云方案，来应对新课改的教学需求。

（3）混合桌面云将成为桌面云部署的主要形式。按照部署方式划分，桌面云可分为私有桌面云、公有桌面云以及混合桌面云，混合桌面云凭借其更强大的兼容适配能力，可以服务于更多的行业领域以及应用场景，更易被市场接受。当前，中国桌面云市场中，混合桌面云、公有桌面云与私有桌面云市场占比约为2∶1∶1。随着企业桌面云基础架构部署的不断深化、多云环境管理手段和方式的不断优化，桌面云市场中混合桌面云的部署比例将继续增加，未来将成为桌面云解决方案的主流部署形式。

综上所述，桌面云技术经过长期发展，已形成较大的产业规模。国内外都有众多厂家投入该领域并持续创新。中国的桌面云市场随着用户需求、技术路线、部署模式的不断演进而稳步增长，将成为中国云计算产业中重要的增长点。

1.2.4 桌面云的优势

在人们日常学习和工作过程中，经常会使用远程桌面软件，如微软远程桌面、向日葵等。这些远程桌面软件和桌面云都可以实现远程桌面访问。前者简单易用，具有快速连接、远程控制、互传文件等功能，部署零成本；而后者是一个复杂的系统，部署成本较高，且需要付费使用。通过对比，可以看到似乎使用远程桌面软件更具性价比，但为何大多数企业仍选择使用桌面云方案呢？企业考虑的首要因素是稳定的生产环境，桌面云具备高可靠性，可以有效保障企业生产环境的稳定运行。例如，半导体、汽车等制造业的很多自动化生产线要求无尘、无人接触，必然会使用大量计算机对生产系统进行监控和操作。一旦计算机系统出现故障，生产线员工就无法操作业务系统，将导致生产线停滞，给企业造成经济损失。桌面云技术可以有效保证企业IT系统的正常运行，因此越来越多的企业将传统PC替换为云桌面。下面将从多个维度来进行对比，具体如下：

1. 安全性

远程桌面软件普遍存在严重的安全漏洞。例如，Windows操作系统内置的远程桌面连接程序，攻击者向微软远程桌面服务的3389端口发送特定攻击命令即可获取完全控制权限。漏洞严重性堪比2017年5月爆发的WannaCry勒索病毒，安全风险严重。因此，很多企业禁止使用远程桌面服务，常见措施就是禁用3389端口，并对访问地址进行IP限制。同样，向日葵等远程软件在使用过程中若不及时更新，也会存在用户被病毒攻击的风险。桌面云在实现机制上有别于远程软件，由数据中心负责终端设备接入办公网络的准入规则，并严格限制信息数据在不同等级桌面之间的流动。在接入安全、访问安全、数据流安全等方面进行严格限制，可以有效降低漏洞造成的危害，保障企业的信息安全。桌面云环境下，数据在后台集中存储和处理，可进行集中的安全防范管理，从而有效地避免了信息泄露问题。桌面云作为一种新兴的虚拟桌面技术，其安全性问题不容忽视。通过技术防范和人为自主防范相结合，可以有效地提高云桌面的安全性。

2. 用户体验

桌面云在用户体验上与个人计算机基本一致，引入桌面云替代传统个人计算机后不会额外增加用户的学习成本。桌面云通常结合云终端（也称为瘦客户端、瘦客户机）使用，云终端体积小，与显示器连接即可使用，云终端使用方式如图1-4所示。用户桌面的基本操作包括开关机、重启、联网、外接设备等，使用非常简单。用户在使用桌面时可以连接U盘、打印机、摄像头、传声器（俗称麦克风）等外设。用户桌面也可以通过手机、平板计算机等智能设备联网访问。远程软件对图形图像的处理能力较差，网络质量会直接影响终端用户的使用体验，例如播放4K高清视频时可能会卡顿。在网络质量较差的情况下，桌面云可以通过桌面协议优化显示画面,并能满足 3D 设计的高频率高刷新操作,具有良好的用户体验。桌面云可以保证各种常用软件安装和使用的兼容性,使用与传统 PC 无差异。

3. 可靠性

桌面云主机通常以虚拟机的形态运行在企业数据中心的服务器上,而非用户的物理 PC。使用桌面云技术后,用户的桌面、应用和数据全部从本地迁移到数据中心,即用户数据不会存放在个人设备上。客户端通过网络从服务器获取云主机的桌面图像,通过桌面协议进行传输并呈现在用户侧,常见的用户设备包括云终端、个人计算机、智

图 1-4 云终端使用方式

能终端等。数据中心与桌面客户端的结构如图 1-5 所示。用户客户端发生的任何故障都不会影响到数据中心内部的桌面计算机,因此数据中心内服务器和网络的可靠性对桌面云的稳定运行至关重要。企业数据中心通常会对服务器和网络设备做高可用设置,预防单点故障造成的影响。同时,定期备份云桌面数据,用快照、镜像等技术来创建数据副本,并存储在安全的位置,可以确保出现故障时能够快速恢复。在桌面云中,云数据中心处理全部的数据和业务,这种模式下可有效地保障 99.9% 的业务稳定性,高效地满足可靠性要求。

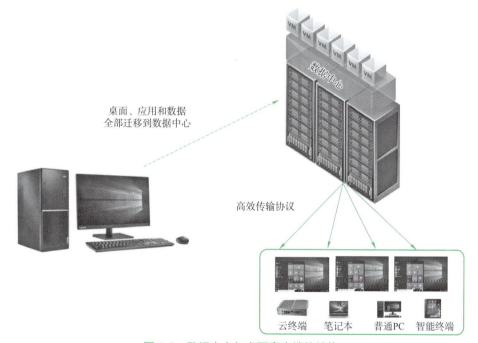

图 1-5 数据中心与桌面客户端的结构

4. 运维管理

物理 PC 经常会出现卡顿或死机等现象,用户手动重启通常可以恢复正常,但这种运维方式不灵活。桌面云主机在运行过程中同样存在该现象,但可以通过自动化方式解决。管理员可以在桌面云管理平台设置桌面电源策略,例如每天凌晨自动重启、节假日自动关机、工作日自动开机等。通过设置自动化策略,可以避免桌面故障,减少用户开关机的操作,进而提

升用户的使用体验。通过桌面云解决方案可实现企业资源的共享和集中管理。对于企业而言，使用桌面云系统可以节省硬件设施的费用，仅用少量服务器即可完成大量 PC 的工作，减少运维成本。管理员可按用户的标准或需求，对云桌面的终端用户进行分类，不同的用户使用不同的模板，根据模板进行桌面的批量发布。在使用过程中可以做到更新模板即更新桌面，即管理员更新模板并重新发布后，该模板对应的所有桌面均立即完成更新。

1.2.5 桌面云的架构

目前，桌面云主要包括 3 种架构：VDI（virtual desktop infrastructure，虚拟桌面架构）、IDV（intelligent desktop virtualization，智能桌面虚拟化）以及 VOI（virtual OS infrastructure，虚拟操作系统架构）。3 种架构实现方式不同，并适用于特定的应用场景，在实际项目中需要根据应用场景进行选型。

1. VDI 架构

VDI 架构（见图 1-6）的特点是集中存储、集中运算。所有桌面以虚拟机的形式运行在服务器上，通过网络将虚拟机的桌面图像发送到客户端显示；同时，客户端的鼠标移动等事件也通过网络发送给虚拟机。VDI 架构在桌面云领域广泛应用，对服务器资源、网络带宽等要求比较高，适用于具备独立数据中心的机构组织和大规模用户日常使用的场景，如大型企业办公、学校的实验机房和电子阅览室等。

图 1-6　VDI 架构

VDI 架构是目前大部分桌面云厂家推荐的实现方式。采用 VDI 架构的主流桌面云解决方案包括思杰 XenDesktop、VMware Horizon、华为 FusionAccess 等。这些厂家的桌面云产品通常基于自研协议开发，具备较好的终端用户体验，具有文字与图像显示更清晰细致、视频播放更清晰流畅、声音音质更真实饱满、设备兼容性更好、带宽要求低等特点。

2. IDV 架构

IDV 架构（见图 1-7）的特点是集中存储、分布运算。服务器端仅存储桌面镜像，客户端从服务端下载镜像并在本地虚拟化系统上运行桌面。系统镜像统一存放到服务器端，将配置下发到客户端机器硬盘上。每台客户端先启动主系统，再启动虚拟机系统，最后由虚拟机系统承载整个桌面环境的运行。IDV 架构要求客户端的硬件具备虚拟化能力，在性能和兼容性等方面接近传统 PC，适用于中小型企业研发的场景，如专业绘图、个人办公等。

由于 IDV 客户端通过虚拟机运行桌面，不再对网络过度依赖，无须大量的图像传输，因此支持桌面系统离线运行。虽然 IDV 相对 VDI 有很大改善，但是对客户端硬件配置要求较高，必须具有运行软件所需要的本地硬件资源。IDV 客户端的 CPU 通常是 x86 架构，且必须支持硬件虚拟化等高级特性，因此 IDV 客户端的采购成本高于 VDI 客户端。IDV 类型桌面的性能取决于终端硬件资源,无法弹性调整。IDV 无法实现远程移动办公,且数据存放在本地终端,安全性相对较弱。

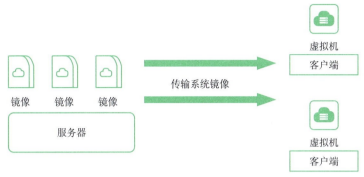

图 1-7　IDV 架构

3. VOI 架构

VOI 也采用"集中存储、分布运算"的构架,与 IDV 不同之处在于其不采用虚拟化方式,而采用类似无盘工作站的方式启动客户端系统。系统镜像、驱动以及其他配置文件统一存放到服务器端,客户端机器启动后通过网络重定向从服务器端获取操作系统的启动数据,然后在运行的过程中再逐步获取所需的操作系统数据。VOI 架构如图 1-8 所示。

图 1-8　VOI 架构

VOI 的最大优势在于其抛弃了虚拟化层,既可以集中管理系统镜像和数据,也可以最大化地使用本地资源。服务器端仅存储系统镜像、驱动以及其他配置文件,客户端先从服务器端获取操作系统的启动数据,再逐步获取完整的操作系统数据。VOI 架构无法支持移动设备,安全性低于 VDI,适用于局域网管理的场景,如网吧、学校电子阅览室等。

以上 3 种架构各具特点,需要根据实际应用场景进行选型。例如,医院收费窗口的桌面需要较高的数据安全性,因此适合选用 VDI 架构;而就诊医生的桌面要求能使用各种外接设备,且需要断网时仍能正常使用,因此适合选用 IDV 架构。基于 VDI 架构的桌面云在简化管理、数据安全、降本增效、绿色节能等维度具备显著优势,因此 VDI 架构比其他两种架构更适用于企业及高校的业务场景。本书将重点讲解基于 VDI 架构的主流桌面云解决方案。

1.3　项目设计

桌面云项目对硬件资源要求较高,需要大量服务器、网络设备、存储设备等硬件,而大部分读者通常只有个人计算机作为可用的硬件资源,很少有机会接触到企业级设备,这就导致开展桌面云课程的实验非常困难。专门购买物理服务器或高配置计算机需要投入较多经济成本；在个人计算机上直接安装虚拟化系统则可能会删除原有系统的个人数据。在企业实际项目实施过程中，一般先在模拟环境中部署项目，待验证通过后再部署到物理环境中。参照企业做法，初学者可以在个人计算机上使用常见的虚拟化软件 VMware Workstation，模拟实现一个可用于学习和测试的最小化桌面云环境，在学习效果上接近使用物理服务器的方式。本书所有项目均基于普通个人计算机进行实验，不依赖服务器等企业级设备。

1.3.1 项目内容

项目 1 作为全书的第一个项目，注重夯实基础并掌握常用虚拟化软件的基本操作。项目要求通过 Windows 操作系统默认的"远程桌面连接"应用程序连接并使用桌面，初步认识桌面。项目内容如下：

（1）安装 VMware Workstation 软件并创建一个类型为仅主机模式的虚拟网络，子网为 192.168.100.0/24，网关为 192.168.100.1。该虚拟网络用于模拟校园网，项目中所有虚拟机均在该网络中运行。理解桥接、NAT、仅主机这 3 种模式的特点。

（2）创建一台虚拟机用于模拟用户的物理 PC，为虚拟机安装 Windows 10 操作系统，并完成基本网络配置。

（3）用户通过微软的远程桌面客户端实现对客户机的远程访问，体验桌面的基本功能。

1.3.2 项目资源

1. 硬件要求

本书所有项目均基于普通个人计算机搭建实验环境，不需要使用专用设备。微软 Windows、苹果 macOS 以及各种 Linux 发行版操作系统的个人计算机均可以做实验，对个人计算机硬件的配置要求：CPU 核心数至少 4 个、内存至少 16 GB、硬盘为固态硬盘且可用空间至少 200 GB。目前市场上主流个人计算机的标准配置均满足该要求，旧的笔记本计算机或台式计算机稍作升级，只要内存能扩展到 16 GB，并使用固态硬盘，就可以基本满足本书实验要求。总之硬件配置越高，实验效果越好。

2. 软件资源

为了进一步方便读者获取学习资源，本书所有项目使用的资源可从中国铁道出版社教育资源数字化平台下载。请读者提前将所有软件下载至本地，软件资源清单见表 1-1。

表 1-1 软件资源清单

序号	产品名称	版本	备注
1	VMware Workstation	17	虚拟化软件
2	Windows 10	企业版 2016 LTSB	操作系统
3	Windows Server 2016	2016 VL	操作系统
4	XenServer	7.6 Free	服务器虚拟化系统
5	XenCenter	7.6	连接 XenServer 的客户端
6	XenDesktop	7.15 LTSR	桌面虚拟化系统
7	Receiver	4.12	桌面客户端
8	WinSCP	5.13.9	测试软件

本书所有项目均使用 VMware 公司的虚拟化软件 Workstation 进行模拟实现，VMware Workstation 是计算机专业常用的虚拟化软件，其使用方式对初学者比较友好。本课程使用 VMware Workstation 软件模拟搭建桌面云环境所需要的服务器和网络资源。若读者有物理服务器等资源，也可根据本书内容在物理环境中部署测试环境。全书采用版本迭代的方式逐步对桌面云项目进行优化，最终实现一个最小化的桌面云环境并进行业务测试。本项目使用的镜像文件为 Windows 10 企业版。

3. 计算资源配置

本项目所需的计算资源包括 1 台客户机，在项目实施过程中使用虚拟机模拟该计算资源（若物理资源充足，可以直接使用物理机），计算资源配置见表 1-2。

表 1-2 计算资源配置

计算机名称	角色	配置	挂载的镜像文件
pc	客户机	2 个 CPU 内核，2 048 MB 内存，60 GB 硬盘，1 块网卡	cn_windows_10_enterprise_2016_ltsb_x64_dvd_9060409.iso

1.3.3 项目拓扑设计

我们可以使用 VMware Workstation 软件对项目的网络拓扑进行设计，实验环境的网络拓扑设计如图 1-9 所示。图中物理主机即个人计算机或服务器，连接读者所处的物理网络，点画线框中的部分是需要重点关注的。在物理主机上使用 VMware Workstation 软件创建一个虚拟网络，主机可以访问虚拟网络中的虚拟机。

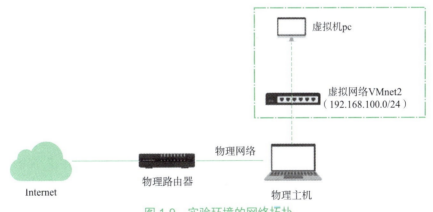

图 1-9 实验环境的网络拓扑

由于使用虚拟化软件模拟实验环境，因此项目中涉及的服务器或客户机均为虚拟机，真实项目中可替换为物理机。本项目的 IP 地址规划见表 1-3。其中，虚拟机 pc 用于模拟物理客户机，安装 Windows 10 企业版操作系统，并将其 IP 地址设置为 192.168.100.5。

表 1-3 项目 IP 地址规划

计算机名称	操作系统	域名	IP 地址
pc	Windows 10 企业版	无	192.168.100.5

1.4 项目实施

1.4.1 创建虚拟网络

计算机相关专业的学生在刚开始接触各种服务端软件时，通常使用 VMware 公司的 Workstation 软件来模拟服务器做实验。通常可以把物理机称为宿主机，例如服务器或个人计算机，通过 Workstation 软件创建多个虚拟机运行在宿主机上。本书使用 VMware Workstation Pro 17 版本（历史版本 14、15、16 均可），软件的下载和安装过程非常简单，读者可从 VMware 官网下载并安装，该软件提供 30 天的免费试用期。首次使用需要确认个人计算机 CPU 是否已开启虚拟化功能。若未开启，需要在开机时进入 BIOS 设置（各品牌计算机的按键方式不同，需要上网查找），开启物理 CPU 的硬件虚拟化功能，否则运行虚拟机会报错。VMware Workstation 的虚拟网络有 3 种类型，见表 1-4。

表 1-4 虚拟网络类型及特点

类型	特点
桥接	虚拟机与宿主机处于同一物理网络
NAT	虚拟机与宿主机网段不同，借助宿主机实现访问外网
仅主机	虚拟机与宿主机网段不同，封闭且不能访问外网

以上 3 种类型的网络均适用于个人实验，其中，NAT 类型是创建虚拟机时默认的网络。考虑到读者个人计算机环境可能已经有虚拟机运行在默认的 NAT 网络中，课程实验可能会影响到这些虚拟机，因此不使用默认的 NAT 网络。在本书的项目中，没有访问互联网的需求，仅需要一个独立的实验网络模拟校园网，所以使用仅主机模式的虚拟网络更适合用于构建实验环境。首先新创建一个仅主机类型的虚拟网络用于模拟校园网，网段为 192.168.100.0/24，网关为 192.168.100.1。具体步骤如下：

（1）运行 VMware Workstation 软件，选择"编辑"→"虚拟网络编辑器"命令，进入"虚拟网络编辑器"，可以看到 VMware Workstation 默认已创建的虚拟网络，如 VMnet1、VMnet8 等，这些虚拟网络的子网地址是随机产生的。为便于统一，实验环境不使用默认的虚拟网络，而是新添加一个仅主机模式的虚拟网络。如图 1-10 所示，单击"添加网络"按钮，打开"添加虚拟网络"对话框，选择默认的 VMnet2，单击"确定"按钮完成虚拟网络 VMnet2 的创建。若"添加网络"按钮置灰无法点击，说明当前用户不具备管理员权限，需要单击右下角提示的"更改设置"按钮才能获取权限并修改网络配置。若需要删除自定义网络，可以选择对应网络并单击"移除网络"按钮。

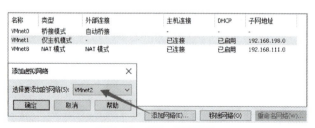

图 1-10 添加虚拟网络

（2）虚拟网络 VMnet2 的子网地址也是随机产生的，在实验环境中统一修改为 192.168.100.0，子网掩码为 255.255.255.0，并取消默认的 DHCP 服务（项目 2 会使用 Windows 服务器部署 DHCP 服务），如图 1-11 所示。单击"确定"按钮完成虚拟网络的配置。

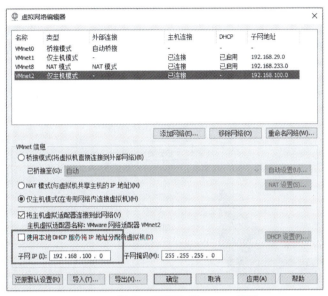

图 1-11　设置子网并取消 DHCP 服务

（3）新创建的虚拟网络 VMnet2 的网关是 192.168.100.1，可以立即测试虚拟网络 VMnet2 的可用性，即个人计算机是否可以访问该虚拟网络的网关。按【Win+R】组合键打开"运行"对话框并输入 cmd（或在 Windows 搜索框输入 cmd），按【Enter】键即可运行 Windows 操作系统自带的"命令提示符"工具。使用 ping 命令测试本机是否可以访问虚拟网络 VMnet2 的网关 192.168.100.1。如图 1-12 所示，若测试结果显示来自网关 192.168.100.1 的回复，则说明虚拟网络 VMnet2 为可用状态；否则请移除网络并重新添加，或者查看个人计算机的网络连接，将网络适配器 VMnet2 禁用后再启用。

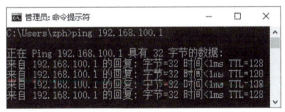

图 1-12　测试主机与虚拟网关的连通性

至此，实验所需的网络环境已准备完毕，下面将设计桌面的使用场景并在该网络环境中引入新技术来逐步构建桌面云系统。

1.4.2　创建虚拟客户机

本节按照第 1.3.3 节拓扑图的设计，使用 Workstation 软件创建一台虚拟机用于模拟物理客户机，即校园用户使用的物理计算机，客户机使用 Windows 10 企业版操作系统。

本节开始，将使用 Workstation 软件创建图 1-9 中的虚拟机 pc，并为其安装 Windows 10

企业版操作系统。具体步骤如下：

（1）运行 VMware Workstation 软件，选择"文件"→"新建虚拟机"命令，在打开的"欢迎使用新建虚拟机向导"对话框中，配置类型选择"典型"，然后单击"下一步"按钮，如图 1-13 所示。

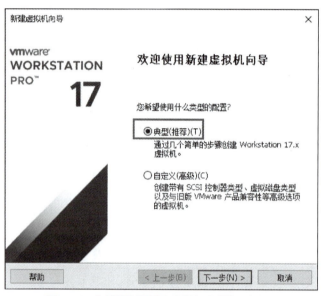

图 1-13 "欢迎使用新建虚拟机向导"对话框

（2）在"安装客户机操作系统"对话框中，安装来源选择"稍后安装操作系统"单选按钮，然后单击"下一步"按钮，如图 1-14 所示。

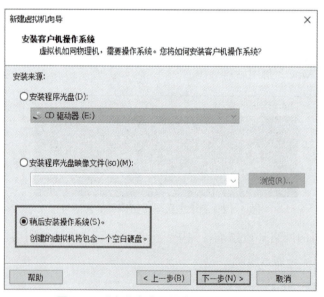

图 1-14 "安装客户机操作系统"对话框

（3）在"选择客户机操作系统"对话框中，客户机操作系统选择 Microsoft Windows，在对应的下拉列表中选择 Windows 10 x64 选项，然后单击"下一步"按钮，如图 1-15 所示。

图 1-15 "选择客户机操作系统"对话框

（4）在"命名虚拟机"对话框中，虚拟机名称自定义，例如 pc，"位置"表示存放虚拟机磁盘文件的物理路径，可以使用默认路径或根据个人计算机的实际硬件情况进行修改，建议使用固态硬盘且可用空间大于 200 GB。然后单击"下一步"按钮，如图 1-16 所示。

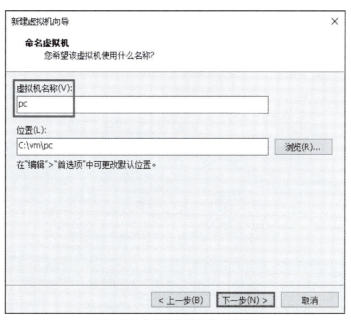

图 1-16 "命名虚拟机"对话框

（5）在"指定磁盘容量"对话框中，磁盘大小使用默认值 60，建议选中"将虚拟磁盘存储为单个文件"单选按钮，该选项可以在一定程度上提升虚拟机磁盘的性能。然后单击"下一步"按钮，如图 1-17 所示。

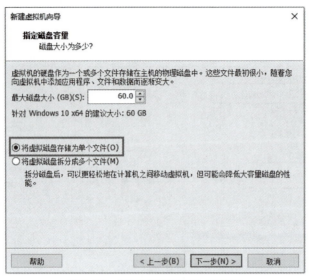

图 1-17 "指定磁盘容量"对话框

（6）在"已准备好创建虚拟机"对话框中，单击"自定义硬件"按钮，如图 1-18 所示。此处需要分别对虚拟机的光驱、网卡等硬件进行配置。

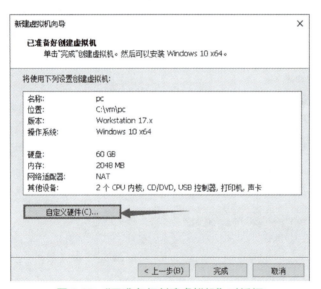

图 1-18 "已准备好创建虚拟机"对话框

（7）虚拟机的内存和处理器使用默认配置即可。选择虚拟机的 CD/DVD 设备，右侧连接类型选择"使用 ISO 映像文件"选项，单击"浏览"按钮选择已下载的 Windows 10 企业版镜像文件 cn_windows_10_enterprise_2016_ltsb_x64_dvd_9060409.iso，如图 1-19 所示。

（8）选择"网络适配器"配置虚拟机网络。右侧网络连接类型设置为"自定义"，并选择自己创建的"VMnet2（仅主机模式）"虚拟网络，如图 1-20 所示。单击"关闭"按钮完成硬件配置后，返回图 1-18 所示的"已准备好创建虚拟机"对话框，最后单击"完成"按钮，虚拟机 pc 完成创建。该虚拟机的角色是客户机，规划 IP 地址为 192.168.100.5，将在 1.4.3 节为其安装操作系统。

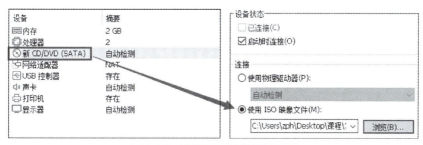

图 1-19　虚拟光驱挂载镜像文件

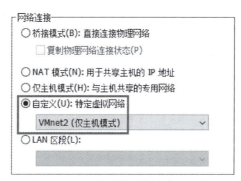

图 1-20　网络连接选择自定义网络

1.4.3　客户机初始化

1. 安装 Windows 10 操作系统

选中虚拟机 pc 并启动后,需要立即将鼠标移至虚拟机窗口并任意点击,使键盘和鼠标聚焦在虚拟机的窗口。当虚拟机窗口出现 Press any key to boot from CD or DVD 的提示时,快速按键盘的任意键即可正常进入 Windows 安装程序(该提示时间较短,若未能正常进入 Windows 引导界面,请重启虚拟机并再次尝试)。按【Ctrl+Alt】组合键可以释放鼠标光标,切换回个人计算机桌面。Windows 10 操作系统的安装过程非常简单,具体安装步骤如下:

(1)进入 Windows 安装程序后,语言和其他首选项使用默认值即可,根据提示操作,选中"我接受许可协议",单击"下一步"按钮。

(2)安装类型选择"自定义:仅安装 Windows"选项,即全新安装操作系统,如图 1-21 所示。

(3)操作系统默认将安装在驱动器 0 上,硬盘无须额外设置,单击"下一步"按钮,开始安装操作系统。读者也可根据实际需求对硬盘进行分区。

(4)安装用时约 5 min,系统会自动重启。在"快速上手"界面单击"使用快速设置"按钮,为计算机设置本地用户,输入用户名及密码,例如用户名设置为 test,密码设置为 123456。随后以本地用户 test 的身份进入客户机桌面环境。

注意:生产环境严禁使用简单密码,请务必按照信息安全规范设置复杂密码。

2. 安装 Tools 工具

通常,虚拟机安装完操作系统后,需要继续安装 Tools 工具。VMware Tools 工具包含计算机驱动和性能优化工具,能改善鼠标移动性、优化视频显示和提升虚拟机性能等。具体步骤如下：

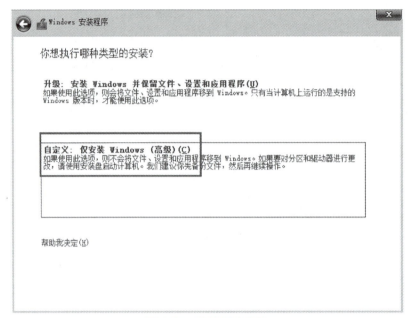

图 1-21　选择安装类型

（1）右击虚拟机 pc 选择"安装 VMware Tools"命令，自动将 Tools 工具挂载到虚拟机的光驱中，如图 1-22 所示。

（2）进入虚拟机的文件资源管理器，双击"DVD 驱动器"后会自动运行"VMware Tools 安装程序"安装向导（若未自动运行，可双击目录中的 setup64 程序运行 Tools 安装向导），如图 1-23 所示。

（3）在安装向导界面，默认选择"典型安装"方式，安装完成后根据提示重启客户机系统即可。Tools 工具在虚拟机重启后才能生效。

图 1-22　虚拟机安装 VMware Tools 工具

图 1-23　虚拟机 DVD 挂载 VMware Tools 工具

1.4.4 客户机基础配置

1. 配置 IP 地址

当前虚拟网络 VMnet2 中未部署 DHCP 服务，所以必须手动为该网络中的计算机配置静态 IP 地址。本节按照规划将客户机 pc 的 IP 地址设置为 192.168.100.5。具体步骤如下：

（1）使用本地账户 test 登录客户机 pc，右击 Windows 图标，选择"网络连接"命令，进入网络连接界面，双击 Ethernet0 适配器进入网卡 Ethernet0 的状态框，如图 1-24 所示。

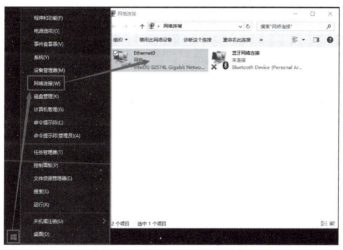

图 1-24 "Ethernet0" 适配器

（2）单击"属性"按钮，进入"Ethernet0 属性"配置，双击"Internet 协议版本 4"进入 IPv4 配置界面。按照规划配置客户机的 IP 地址，本例中配置 IP 地址为 192.168.100.5，掩码为 255.255.255.0，网关为 192.168.100.1。由于当前实验环境未部署 DNS 服务，所以 DNS 服务器暂时不填。最后单击"确定"按钮保存网络设置，如图 1-25 所示。

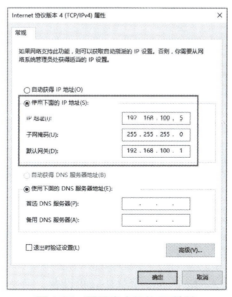

图 1-25 配置客户机的 IP 地址

2. 开启远程桌面

右击客户机 pc 桌面左下角的 Windows 图标，选择"系统"选项进入"系统"窗口，单击"远程设置"选项，如图 1-26 所示。

图 1-26　远程设置

在"远程桌面"设置中，可以看到 Windows 操作系统默认禁用远程桌面。选中"允许远程连接到此计算机"单选按钮，若弹出提示窗口，单击"确定"按钮即可。继续取消选中"仅允许运行使用网络级别身份验证的远程桌面的计算机连接（建议）"，即可开启当前计算机的远程桌面功能。最后单击"确定"按钮完成远程桌面的设置，如图 1-27 所示。

图 1-27　开启远程桌面

1.5　项目测试

在很多使用场景下，用户不需要直接面对计算机设备，而是借助远程连接的方式来使用计算机。例如，通过 Windows 的远程桌面连接或者 Linux 的 SSH 远程连接等方式访问网络中的计算机。本节的测试重点：验证用户 test 是否可以通过 Windows 的远程桌面连接方式实现远程访问自己的客户机。测试步骤如下：

（1）将客户机 pc 注销，暂时离开 VMware Workstation，切换到个人计算机的桌面。使用个人计算机远程连接客户机 pc，按【Win+R】组合键打开"运行"对话框，输入命令 mstsc 并单击"确定"按钮后，将运行"远程桌面连接"程序（或者在 Windows 搜索框中输入 mstsc 后单击运行），如图 1-28 所示。

图 1-28 "运行"对话框

（2）在远程桌面连接窗口中输入客户机 pc 的 IP 地址 192.168.100.5，单击"连接"按钮后需要输入用户名和密码。此处测试本地用户 test 能否远程登录自己的客户机，输入用户名和密码后登录，遇到安全证书错误提示时，单击"是"按钮即可，如图 1-29 所示。

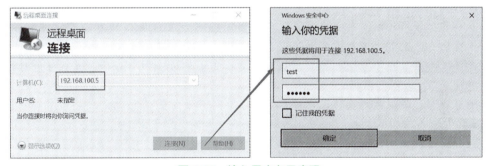

图 1-29 输入用户名及密码

（3）在个人计算机上能够使用客户机 pc 的本地用户 test 以远程桌面的方式访问客户机 pc，且通过桌面使用计算机的方式与常规方式无差异；同时可以在个人计算机和远程桌面之间相互传输文件，这项功能在日常办公场景中非常实用。在初步体验微软远程桌面后，回到登录界面可以查看远程桌面连接的更多设置。设置项中有许多桌面性能相关的指标，如桌面背景、字体平滑、是否持久位图缓存等，如图 1-30 所示。微软远程桌面支持各种机制来减少网络传输过程中的数据量，包括数据压缩、位图的持久缓存等。持久性位图缓存可以大幅提高低带宽连接的性能，尤其是在运行广泛使用大型位图的应用程序时。微软远程桌面的优点是系统自带、使用简单，但功能较少，且在网络质量不稳定的情况下，桌面显示会出现卡顿等问题。目前主流的桌面产品都是在微软远程桌面的基础上进行优化和功能开发，可以为用户提供更好的桌面体验。

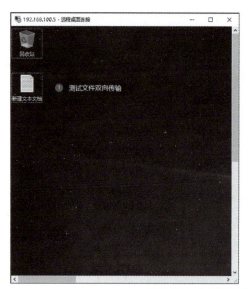

图 1-30　远程桌面界面及设置项

小　结

本项目对云计算的概念、桌面云的概念、应用场景、发展、特征、架构等进行了基本介绍，并使用虚拟化软件完成实验网络和客户机的准备工作，动手练习虚拟机的基本操作，包括安装操作系统及 Tools 工具。最终实现以 Windows 远程桌面连接的方式远程访问客户机。请读者体验 Windows 操作系统自带的远程桌面功能，并思考若在校园网中大规模使用桌面云，对于管理员、教师、学生等不同用户群体，用户需求分别有哪些。我们会在后续章节继续探讨这些问题。

习　题

一、简答题

1. 简述云计算的概念。
2. 简述桌面云的概念。
3. 桌面云的三种架构分别是什么？
4. 列举生活中使用桌面云的场景。
5. VMware Workstation 的三种虚拟网络类型分别是什么？分别具有什么特点？

二、操作练习题

1. 掌握使用 Workstation 软件创建虚拟机、安装操作系统、安装 Tools 工具、配置网络等基本操作。
2. 使用微软远程桌面，在个人计算机与 Windows 虚拟机之间相互传输文件。

项目 2

IT 基础架构

学习目标

- 了解企业中常用的 IT 基础架构。
- 理解域控制器的概念及作用。
- 理解 AD、DNS、DHCP 的概念及作用。
- 掌握 Windows 服务器的常用服务配置。
- 掌握 AD、DNS、DHCP 等服务的测试方法。

项目结构图

基于云计算的桌面云技术目前已广泛应用于企业生产环境中，为企业用户提供办公资源。管理员在运维企业信息技术（IT）基础架构的工作中，需要管理企业组织架构中不同部门的用户账号，并维护大量桌面配置，这些任务给运维人员带来了较大挑战。目前，基于 Windows 服务器的 IT 基础架构服务在企业 IT 环境中广泛使用，并为管理员的运维工作提供便利。桌面云环境同样需要 IT 基础架构才能部署运行。在开始学习桌面云核心技术之前，必须先掌握基于 Windows 服务器的 IT 基础架构的基础理论和技能。

2.1 场景

在 2000 年左右，服务器虚拟化技术尚在发展阶段，未像如今这样普及。以笔者所在高校的校园信息化建设历程为例，建设初期计划为教师和学生提供计算资源。管理员李某在统计师生需求后，将物理计算资源划分给不同用户。例如，将数据中心的物理服务器提供给教师用于科研工作，同时将实验室的物理 PC 提供给学生满足实验需求。师生接入校园网，即可在办公室或宿舍以远程桌面的方式连接使用，无须进入数据中心或实验室，从而提高工作效率。这种方式可以简称为 DaaS（desktop as a service，桌面即服务），即向用户提供桌面服务。DaaS 为师生用户提供了便利，但也带来了很多管理方面的问题。例如，多用户并发访问极易造成计算资源紧张；用户随意修改计算机的 IP 地址可能导致网络地址冲突；管理员人工运维硬件设备的效率较低等。因此，需要一个系统来帮助管理员高效地管理校园网中的计算机设备和用户，这个系统就是本项目的学习重点——域控制器。

本项目模拟实现早期的传统桌面服务场景，在网络中部署基于 Windows 服务器的域控制器，将其称为校园 DaaS 场景 V1.0 版本，场景如图 2-1 所示。我们将在后续项目中以迭代的形式逐步优化校园 DaaS 项目，并体会桌面云带来的优势。

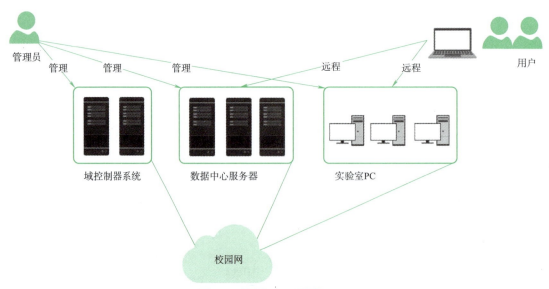

图 2-1 校园 DaaS 场景 V1.0

校园网中的计算资源主要包括数据中心的服务器和实验室的 PC 等，这些资源以远程桌面的形式提供给师生使用。图 2-1 中有一类服务器比较特殊，称为"域控制器系统"。大型企业的网络中通常会部署多台域控制器组成高可用集群来保证稳定性,在实验场景下使用一台即可。管理员通过配置域控制器实现对所有计算机设备和用户的统一管理。我们可以将域控制器理解成学校的管家,负责管理校园网中的各种计算资源和用户。例如,用户访问资源的权限、用户账号的分配等,均由域控制器管理。域控制器在现代企业的网络环境中被广泛使用,掌握域控制器的理论知识及基本操作,对学习桌面云技术非常重要。

2.2 理论基础

2.2.1 域

在学习域控制器之前,应先了解什么是域。域模型就是针对大型网络的管理需求而设计的,域就是共享用户账号、计算机账号和安全策略的计算机集合。查看 Windows 个人计算机的系统属性可以看到 Windows 计算机默认位于工作组 WORKGROUP 中,如图 2-2 所示。在工作组方式下,用户本地账号和计算机绑定,即计算机 A 上的用户只能登录计算机 A,而不能登录其他计算机。如果不进行设置,局域网内的计算机默认均基于工作组方式。这种方式缺乏集中管理与控制的机制,没有集中的统一账户管理,无法对资源实施更加高效率的集中管理,在安全控制方面较弱。因此,工作组只适合小规模用户的使用,不适用于高校上万人的用户规模。如果企业网络中计算机和用户数量较多时,要实现高效管理,就需要使用域。域提供了可伸缩性,这样可以创建非常大的网络。实际企业网络中的用户人数较多且业务较复杂,考虑到资源共享和网络安全管理的需要,通常将基于工作组的网络升级为基于域的网络。

图 2-2 默认工作组 WORKGROUP

域,简单理解就是一个网络,是由网络管理员定义的一组计算机集合。域和工作组在结构上很相似,只是表现形式有区别。在域这个网络中,每个用户只拥有一个域账户,每次登录的是整个域而非本地的工作组 WORKGROUP,即域用户可以登录域中的所有计算机,具有很好的灵活性。同时,管理员可以统一管理所有域账户,限制所有域用户的权限,对整个网络实施集中管理和控制,保证用户隐私和企业网络的安全性。

2.2.2 域控制器

在域中,至少部署一台称为域控制器(domain controller, DC)的服务器,提供用户管理、权限分配、安全策略、资源共享等企业级服务。域控制器存储着整个网络的用户账号及计算机设备信息，网络中的计算机必须加入域后才能使用。域控制器负责所有接入网络的计算机和用户的验证工作，相当于一个单位的门卫一样。域控制器的作用如图 2-3 所示。

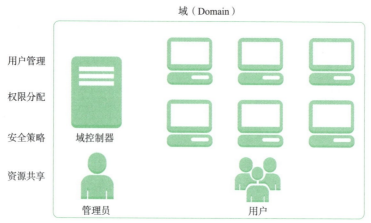

图 2-3　域控制器的作用

域控制器在网络中起到重要的管理作用，用于存储用户的域账户、计算机设备等资源信息，并为用户环境提供账号鉴权、域名解析等重要服务。域控制器通常使用 Windows Server 操作系统并部署企业级服务，如 AD（active directory，活动目录）、DNS（domain name system，域名系统）、DHCP（dynamic host configuration protocol，动态主机配置协议）等服务。域控制器将校园网视为一个独立的域，管理员在该域中为教师和学生创建域账号，该域中所有用户和计算机均由域控制器统一管理，增强了系统的安全性。

2.2.3　AD

AD 是 Windows 网络中的目录服务，字面意思是一个目录或文件夹。网络中的基本对象，包括计算机、打印机等硬件设备，以及管理员、普通用户等各种用户信息（如姓名、密码、电话号码等），都可以使用目录的层级结构来存储。AD 域服务提供存储目录数据以及将数据提供给网络用户和管理员使用的方法，并使同一网络上的其他授权用户可以访问此信息。简而言之，活动目录将网络中的设备和用户信息存储在结构化的目录中，并让管理员和用户可以更容易地使用这些信息。

目前，很多厂家或开源组织都推出了活动目录产品，如微软的 AD、华为的 LiteAD、开源社区的 OpenLDAP 等。其中，使用最广泛的是微软 AD，该产品集成在 Windows 服务器版操作系统中，并提供友好的图形界面，便于企业对其内部资源和用户进行可视化管理和配置。Windows 服务器安装并配置 AD 域服务后即可升级为域控制器，所有用户均需要接入域中才能访问内部资源，否则无法登录域中的计算机。

可以将现实生活中的实体组织抽象成域控制器中的逻辑对象，例如一所大学包含多个二级学院，每个二级学院包含多个专业教学部和班级，实体组织结构如图 2-4 所示。

可以将实体用域控制器中的术语进行描述。例如，学校是一级的根域，各个二级学院是根域中的组织单位，教学部和班级是组织单位中的组，教师和学生是相应组中的成员，对应关系见表 2-1。本项目实验将按照该表的映射关系对域中的逻辑对象进行设置。

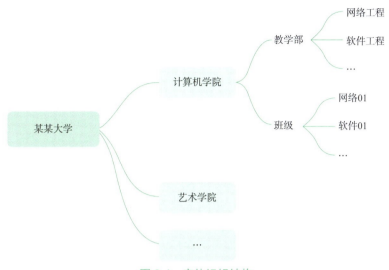

图 2-4 实体组织结构

表 2-1 实体与逻辑对象映射表

实 体		逻 辑 对 象	
学校	某某大学	域	njuit.lab
二级学院	计算机学院	组织单位	school-cs
教学部	网络工程	组	dept-net
班级	网络 01	组	net01
教师	教师 1、教师 2	用户	t1、t2
学生	学生 1、学生 2	用户	s1、s2

2.2.4 DNS

DNS 是互联网上用于将服务器域名和 IP 地址互相映射的一个分布式数据库,能够使用户更方便地访问互联网,而不用去记忆大量的 IP 地址。通过主机名,最终得到该主机对应的 IP 地址的过程称为域名解析(或主机名解析)。在使用浏览器上网时,通常在地址栏中输入网址后即可访问网站内容,DNS 在其中起到关键作用。互联网上的计算机之间的通信是使用 IP 地址实现的,但数字形式的 IP 地址难以记忆,人们更习惯英文字符形式的地址,DNS 可以实现两种地址之间的相互转换。

DNS 在互联网上非常重要,在局域网中也起到关键作用。例如,校园网就是一个大型的局域网,学校的官网、教务网、科研网等站点都部署在校园网数据中心的服务器上,师生访问这些站点时都是通过域名实现的,因此在校园网中需要部署 DNS 服务负责服务器域名和 IP 地址的转换。用户可以在 Windows 服务器上部署并配置 DNS 服务来实现域名解析的过程。在企业 IT 环境中,通常也在 Windows 服务器上部署 DNS 服务。例如,校园网用户访问校园 FTP 文件服务器时,客户机首先向 DNS 服务器询问 FTP 服务器域名 ftp.njuit.lab 对应的 IP 地址,然后 DNS 服务器将 FTP 服务器的 IP 地址 192.168.100.2 告诉客户机,最后客户机访问 FTP 服务器的 IP 地址,与 FTP 服务器建立连接。域名解析过程如图 2-5 所示。

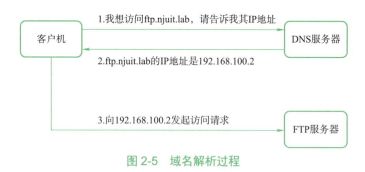

图 2-5 域名解析过程

DNS 服务器主要存储域名和 IP 的映射关系，并区分正向查找区域和反向查找区域。在正向查找区域中，最常用的是主机记录，格式为域名→IP。例如，图 2-5 中，DNS 服务器的正向查找区域中存在一条主机记录，内容为 ftp.njuit.lab → 192.168.100.2。理解正向查找区域后，反向查找区域与正向查找区域相反即可。在反向查找区域中，最常用的是指针记录，格式为 IP→域名。例如，图 2-5 中，DNS 服务器的反向查找区域中存在一条指针记录，内容为 192.168.100.2 → ftp.njuit.lab。正向查找区域与反向查找区域的记录成对出现，共同实现域名解析功能。

2.2.5 DHCP

一个网络若要正常运行，该网络中的计算机必须配置正确的网络参数，如 IP 地址、子网掩码、网关、DNS 服务器地址等。显然，在每台计算机上都使用手工方式配置是非常困难的，一旦出错，将影响用户正常使用网络。为此，IETF 于 1993 年发布了 DHCP（dynamic host configuration protocol，动态主机配置协议）。DHCP 是一个应用层协议，当用户将计算机的 IP 地址设置为动态获取方式后，DHCP 服务器就会通过 DHCP 协议给客户计算机分配 IP 地址，使得客户机能够利用这个 IP 地址上网。DHCP 的前身是 BOOTP 协议（bootstrap protocol），BOOTP 的设计目的是为连接到网络中的设备自动分配地址，后来逐渐被 DHCP 取代。DHCP 的应用，实现了网络参数配置过程的自动化。

DHCP 使用了租约的概念，或称为计算机 IP 地址的有效期，即 DHCP 服务器分配给客户机的 IP 地址是有使用期限的，租约过期时需要重新分配 IP 地址。校园网中的大部分计算机均设置为自动获取 IP 地址，用户在使用计算机时不需要自己手动配置。在本项目中，需要在校园网内部署 DHCP 服务，使用 Windows 服务器自带的 DHCP 功能即可实现该需求。

DHCP 基本工作过程分为 4 个阶段：发现阶段、提供阶段、请求阶段、确认阶段。DHCP 工作过程如图 2-6 所示。

（1）发现阶段：客户机广播发送 DHCP Discover 报文，寻找网络中的 DHCP 服务器（可能存在多台），并表示自己需要获得一个 IP 地址。

（2）提供阶段：DHCP 服务器响应收到的 DHCP Discover 报文，把准备提供的 IP 地址封装在回送给客户机的 DHCP Offer 报文中。

（3）请求阶段：客户机选择第一个收到的 DHCP Offer 报文，并向对应的 DHCP 服务器发送 DHCP Request 报文，表示客户机愿意接收该 DHCP 服务器提供的 IP 地址。

（4）确认阶段：DHCP 服务器确认在提供阶段提供的 IP 地址是否可以分配给客户机使用。

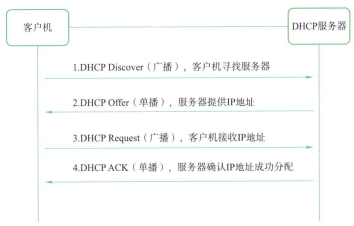

图 2-6 DHCP 工作过程

2.3 项目设计

2.3.1 项目内容

本项目作为校园 DaaS 项目的 V1.0 版本,在项目 1 实验环境的基础上引入域控制器,练习域控制器的部署及配置。项目的目的是掌握域控制器的基本技能,并通过功能测试进一步理解域控制器为 IT 管理带来的便利。项目内容如下:

(1) 准备服务器(虚拟),安装 Windows Server 2016 操作系统并完成网络配置。

(2) 将 Windows Server 2016 服务器提升为域控制器,部署 AD、DNS、DHCP 等企业 IT 基础架构的服务。创建域 njuit.lab,并对高校的组织架构进行抽象。

(3) 将客户机加入域,验证域控制器的基本功能,并实现域用户通过远程桌面访问域中的计算机。

2.3.2 项目资源

本项目所需的计算资源包括 1 台客户机和 1 台服务器,在实验过程中使用虚拟机模拟这些计算资源,计算资源配置见表 2-2。

表 2-2 计算资源配置

计算机名称	角色	配置	挂载的镜像文件
pc	客户机	2 个 CPU 内核,2 048 MB 内存,60 GB 硬盘,1 个网卡	cn_windows_10_enterprise_2016_ltsb_x64_dvd_9060409.iso
dc	服务器:域控制器	2 个 CPU 内核,1 200 MB 内存,60 GB 硬盘,1 个网卡	cn_windows_server_2016_vl_x64_dvd_11636695.iso

2.3.3 项目拓扑设计

域控制器本质是部署了域服务的 Windows 服务器(物理机或者虚拟机均可,实际桌面云项目中的域控制器通常以虚拟机形态存在)。使用 VMware Workstation 软件模拟图 2-1 场景,设计实验环境拓扑如图 2-7 所示。

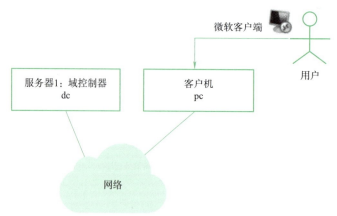

图 2-7　实验环境拓扑

本项目实验环境使用已创建的虚拟网络 VMnet2 模拟校园网，继续复用项目 1 已创建的虚拟机 pc。本节仅需要新创建一台虚拟机作为服务器，用于部署域控制器。本项目中，用户必须以域用户的身份通过 Windows 远程桌面连接的方式访问实验室或数据中心的计算资源。本项目的 IP 地址规划见表 2-3。其中，虚拟机 pc 用于模拟实验室的普通物理计算机，需要将其 IP 地址修改为 DHCP 方式自动获取 IP 地址；虚拟机 dc 用于模拟物理服务器，安装 Windows Server 2016 操作系统并部署 AD、DNS、DHCP 等服务，其 IP 地址设置为 192.168.100.10。

表 2-3　项目 IP 地址规划

计算机名称	操作系统	域名	IP 地址
pc	Windows 10 企业版	pc.njuit.lab	DHCP 动态获取
dc	Windows Server 2016 数据中心版	dc.njuit.lab	192.168.100.10

2.4　项目实施

2.4.1　创建虚拟服务器

微软的域控制器基于 Windows Server 操作系统安装域服务，桌面云项目推荐使用的 Windows Server 版本包括 2012 R2、2016、2019 等，本书使用 Windows Server 2016 操作系统，镜像文件名称为 cn_windows_server_2016_vl_x64_dvd_11636695.iso。本节使用 Workstation 软件创建虚拟机用于模拟图 2-7 中的服务器 1，即域控制器，并为其安装 Windows Server 2016 操作系统。使用 VMware Workstation 软件创建一台虚拟机（系统选择 Windows Server 2016、2 核 CPU、1 200 MB 内存、60 GB 硬盘、网络适配器选择 VMnet2、光驱挂载 Windows Server 2016 镜像文件），由于创建服务器的过程与第 1.4.2 节相似，本节仅列出注意点。

（1）新建虚拟机，类型选择"典型"，安装来源选择"稍后安装操作系统"，客户机操作系统选择 Microsoft Windows，版本选择 Windows Server 2016。

（2）虚拟机名称自定义，例如 dc，虚拟机存储位置自定义或使用默认位置均可。

（3）磁盘大小使用默认值 60 GB 即可，并选中"将虚拟磁盘存储为单个文件"单选按钮。

（4）单击"自定义硬件"按钮进入硬件配置界面，选择"内存"设备，内存设置为1 200 MB，此值为满足实验的最小值，读者可根据实际硬件情况设置，个人计算机的物理内存必须至少 16 GB。设备列表中选择 CD/DVD，在设备连接选项中选择"使用 ISO 镜像文件"后，单击"浏览"按钮选择已下载的 Windows Server 2016 的 ISO 镜像文件 cn_windows_server_2016_vl_x64_dvd_11636695.iso。设备列表中选择"网络适配器"，网络连接类型设置为"自定义"，并选择"VMnet2（仅主机模式）"虚拟网络。虚拟机 dc 的硬件配置如图 2-8 所示。

图 2-8　虚拟机 dc 的硬件配置

最后单击"完成"按钮，在 Workstation 的计算机列表中可以看到虚拟机 dc，该虚拟机的角色是域控制器，规划 IP 地址为 192.168.100.10，将在下一节为其安装操作系统。

2.4.2　服务器初始化

1. 安装 Windows Server 2016 操作系统

选中虚拟机 dc 并启动，立即将鼠标移至虚拟机窗口并任意点击，使键盘和鼠标聚焦在虚拟机的窗口。当出现 Press any key to boot from CD or DVD 的提示时，快速按键盘的任意键即可正常进入 Windows 安装程序（该过程时间较短，若未能正常进入 Windows 引导界面，请重启虚拟机并再次尝试）。根据提示单击"现在安装"按钮启动安装程序。Windows Server 2016 操作系统的安装过程与第 1.4.3 节安装 Windows 10 操作系统类似，本节不再重复，仅列出如下注意点：

（1）操作系统版本选择最后一项，即 Windows Server 2016 Datacenter（桌面体验），如图 2-9 所示。若选择非桌面体验版本，则系统安装后只能使用命令行操作，无法使用图形界面。

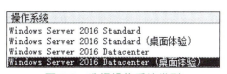

图 2-9　选择操作系统类型

（2）安装用时约 5 min。系统安装进度 100% 后会自动重启，进入设置管理员密码界面。例如，实验环境下为管理员用户 Administrator 设置长度为 8 位的简单密码 1qaz!QAZ。

（3）Windows 服务器启动后默认为锁屏状态，单击 Workstation 菜单栏中的【Ctrl+Alt+Del】组合键按钮可以向虚拟机发送【Ctrl+Alt+Del】组合键提示，如图 2-10 所示。解锁后即可进入操作系统登录界面，输入管理员密码后按【Enter】键进入服务器的图形化用户界面（按【Ctrl+Alt】组合键可以释放鼠标，切换回个人计算机系统）。

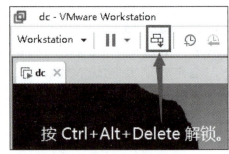

图 2-10　使用快捷键解锁服务器

2. 安装 Tools 工具

由于 dc 为虚拟服务器而非真实的物理服务器，所以需要安装 Tools 工具提升性能，该过程与第 1.4.3 节中虚拟客户机 pc 安装 Tools 的过程一致，因此不再复述，请读者自行完成。

2.4.3　服务器基础配置

1. 配置 IP 地址

通常，服务器的 IP 地址需要固定而非动态获取，实际项目实施前必须预先规划服务器的 IP 地址，再部署各类服务。例如，本项目规划表中设置服务器 dc 的 IP 地址为 192.168.100.10。具体步骤如下：

（1）以服务器本地管理员 Administrator 身份登录服务器 dc，选择"服务器管理器"→"本地服务器"选项，单击网卡 Ethernet0 的状态信息进入"网络连接"窗口，双击 Ethernet0 适配器进入"Ethernet0 状态"窗口，如图 2-11 所示。

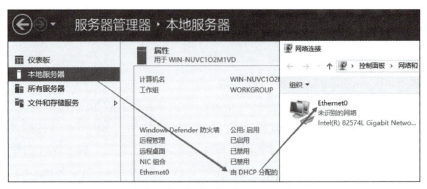

图 2-11　服务器网卡配置路径

（2）单击"属性"按钮，进入"Ethernet0 属性"窗口，双击"Internet 协议版本 4"进入 IPv4 配置界面。按照规划配置服务器的 IP 地址。例如，本例中配置 IP 地址为 192.168.100.10，掩码为 255.255.255.0，默认网关为 192.168.100.1。因为该服务器将作为整个网络中域名解析的权威，为域中其他计算机提供域名解析服务，所以配置 DNS 时，首选 DNS 服务器填自身的 IP 地址，即 192.168.100.10（也可填写回环地址 127.0.0.1），如图 2-12 所示。最后单击"确定"按钮保存网络设置。

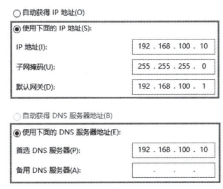

图 2-12 配置服务器 IP 地址

2．更改计算机名

Windows 服务器的计算机名初始值为随机字符串，不便于记忆，通常根据项目规划修改服务器的计算机名。具体步骤如下：

（1）单击计算机名信息，进入"系统属性"窗口，可以看到服务器当前的计算机名为随机字符串，且隶属于默认的工作组 WORKGROUP，单击"更改"按钮，如图 2-13 所示。

图 2-13 进入"系统属性"窗口

（2）根据项目 IP 地址规划表 2-3，服务器 dc 的域名为 dc.njuit.lab。域名格式为"计算机名．根域名"，其中根域名为 njuit.lab，所以将服务器 dc 的计算机名设置为 dc。由于当前还未创建域环境，所以计算机仍属于本地工作组 WORKGROUP，如图 2-14 所示。单击"确定"按钮，根据系统提示选择"立即重新启动"，计算机名更改后需要重启计算机才能生效。

2.4.4 部署 AD 域服务

在第 2.4.3 节完成了服务器 dc 的基础配置工作，接下来开始在服务器 dc 上部署 AD 域服务并安装活动目录，将服务器 dc 由普通的 Windows 服务器提升为域控制器，其计算机名会由 dc 自动更改为 dc.njuit.lab。

图 2-14 更改计算机名

1．安装 AD 域服务

（1）以本地管理员 Administrator 登录服务器 dc，在"服务器管理器"→"仪表盘"界面单击"添加角色和功能"按钮,在 Windows 服务器上添加服务时通常选择该操作路径作为入口,如图 2-15 所示。

图 2-15 添加角色和功能

(2)在"添加角色和功能向导"界面,持续单击"下一步"按钮,直到出现如图 2-16 所示的"选择服务器角色"对话框。在角色列表中勾选"Active Directory 域服务"复选框后,会打开"添加角色和功能向导"对话框,单击"添加功能"按钮完成服务器角色的选择。

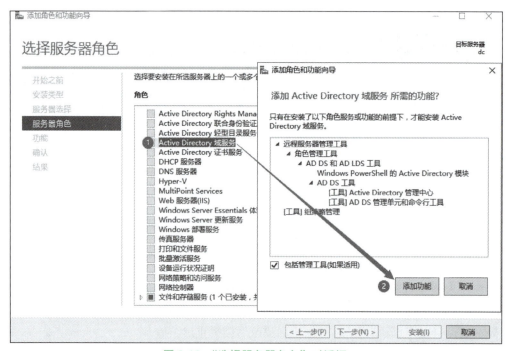

图 2-16 "选择服务器角色"对话框

(3)持续单击"下一步"按钮,直到出现如图 2-17 所示的"确认安装所选内容"对话框。本次安装内容包括 AD 域服务、远程服务器管理工具、组策略管理等。单击"安装"按钮开始安装。

(4)安装完成后会出现"结果"对话框,并提示 AD 域服务已成功安装,但需要进一步配置。单击"将此服务器提升为域控制器"按钮,如图 2-18 所示。后续步骤将进入 AD 域服务配置向导。若不小心单击了"关闭"按钮,可以在右上角的感叹号提示信息中找到"将此服务器提升为域控制器"的操作入口。

图 2-17 "确认安装所选内容"对话框

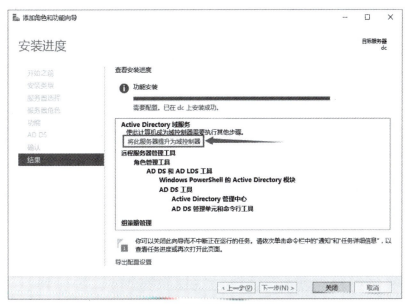

图 2-18 "安装进度"对话框

（5）在"Active Directory 域服务配置向导"界面的"部署配置"对话框中，部署操作选中"添加新林"单选按钮，用于创建一个全新的域。根据项目 IP 地址规划表 2-3，根域名应设置为 njuit.lab，此域名可理解为学校或企业的顶级域名。单击"下一步"按钮，如图 2-19 所示。

（6）在"域控制器选项"对话框中需要设置还原密码，其作用是域控制器有时需要备份和还原活动目录，在还原时使用该密码（本文为便于记忆，仍使用简单密码 1qaz!QAZ）。单击"下一步"按钮，如图 2-20 所示。

图 2-19 "部署配置"对话框

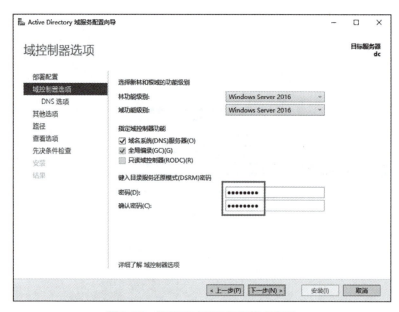

图 2-20 设置活动目录还原模式密码

（7）在"DNS 选项"对话框，因为当前还未配置 DNS 服务，出现的警告信息可以忽略，单击"下一步"按钮，如图 2-21 所示。

（8）在"其他选项"对话框，"NetBIOS 域名"会自动填充，名称为域名中第一个点号前面的字段，即 NJUIT。NetBIOS 是一个协议，由 IBM 公司开发，主要用于数十台计算机的小型局域网。NetBIOS 协议的主要作用是给局域网提供网络及其他特殊功能，系统可以将 NetBIOS 名解析为相应 IP 地址，实现信息通信，所以在局域网内部使用 NetBIOS 协议可以方便地实现消息通信及资源共享。单击"下一步"按钮，如图 2-22 所示。

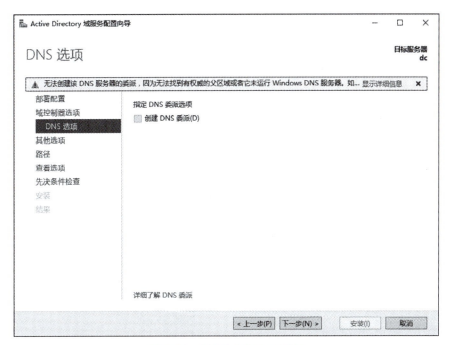

图 2-21 "DNS 选项"对话框

图 2-22 "其他选项"对话框

（9）在"路径"对话框，指定 AD 域服务的数据库、日志、SYSVOL 等文件夹路径，使用默认值即可，如图 2-23 所示。

（10）持续单击"下一步"按钮，直到显示"先决条件检查"对话框，查看是否满足安装要求，若出现错误需要排查，此处提示警告可忽略，单击"安装"按钮，如图 2-24 所示。

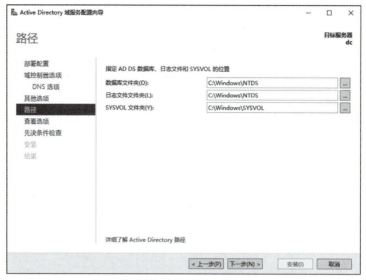

图 2-23 "路径"对话框

图 2-24 "先决条件检查"对话框

（11）安装过程完成后，服务器将升级为域控制器并自动重启，域控制器首次初始化通常需要 5 min，请耐心等待，后续不会出现该情况。再次解锁登录时，用户名已变成域用户名的格式，即"域名前缀\用户名"。域控制器必须使用域用户账号登录。原先的本地管理员 Administrator 已提升为域管理员 NJUIT\Administrator，如图 2-25 所示。域管理员用户密码不变，输入密码后登录。

图 2-25 域管理员登录界面

注意：在 Windows 系统中，用户名不区分大小写，所以 NJUIT\Administrator 与 njuit\administrator 是等价的；但在 Linux 系统中，用户名是严格区分大小写的。

2. 配置 AD 域服务

本节将按照表 2-1 的实体与逻辑对象映射关系，在根域 njuit.lab 中创建 1 个组织单位 school-cs 用于表示计算机学院；在组织单位 school-cs 中继续创建 2 个组 dept-net 和 net01，分别表示网络工程教学部和网络 01 班级，同时创建 4 个用户分别表示教师和学生等对象，并将用户添加到对应的组中。

（1）组织单位：

①在"服务器管理器"→"仪表盘"右上角，选择"工具"栏中的"Active Directory 用户和计算机"选项，进入 Active Directory 用户和计算机管理器，如图 2-26 所示。

图 2-26 "Active Directory 用户和计算机"的配置入口

②计算机学院是大学下属的二级学院，在域中描述该从属关系非常简单，在根域 njuit.lab 下创建组织单位 school-cs 即可。右击根域 njuit.lab，选择"新建"→"组织单位"命令，如图 2-27 所示。

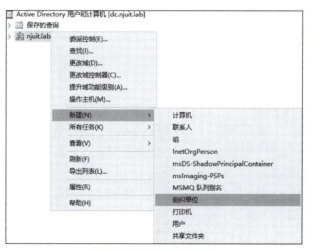

图 2-27 新建组织单位

③组织单位名称填写 school-cs，单击"确定"按钮，如图 2-28 所示。用户可以根据实际需求继续添加其他学院作为根域 njuit.lab 下属的组织单位。

（2）组：

①计算机学院包含多个专业的教学部和班级，在计算机的域中描述该行政结构的从属关系时，可以在组织单位中创建组。右击组织单位 school-cs，选择"新建"→"组"命令，如图 2-29 所示。

图 2-28　填写组织单位名称　　　　图 2-29　在组织单位中新建组

②填写组名，例如 dept-net 表示网络工程教学部，单击"确定"按钮，如图 2-30 所示。

图 2-30　设置组名

③在组织单位 school-cs 下继续创建组 net01，表示计算机学院下有一个名称为网络 01 的班级，该过程与创建网络工程教学部一致，不再复述。完整组列表如图 2-31 所示。

（3）用户：

在域中表示用户和组的关系时，需要先创建组和用户，然后将用户添加到对应的组中。例如，教师 t1 属于网络工程教学部，可以先创建用户 t1 并为其设置密码，最后将其添加到组 dept-net 即可。创建用户的具体步骤如下：

①右击组织单位 school-cs，选择"新建"→"用户"命令，打开"新建对象 - 用户"对话框。用户属性字段"名"及"用户登录名"均填写 t1，单击"下一步"按钮，如图 2-32 所示。

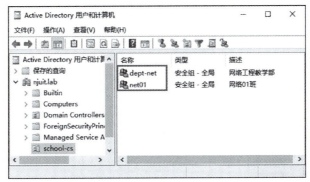

图 2-31　组列表

②设置用户密码,本例仍使用简单密码 1qaz!QAZ,生产环境务必设置复杂密码。为便于实验,将默认选中的"用户下次登录时须更改密码"取消,并将"用户不能更改密码"和"密码永不过期"选中。单击"下一步"按钮完成用户创建,如图 2-33 所示。

图 2-32　设置域用户名

图 2-33　设置域用户的密码

③用同样的方式继续创建教师用户 t2、学生用户 s1 和 s2。在完成组和用户的创建后,组织单位 school-cs 的整体结构如图 2-34 所示。

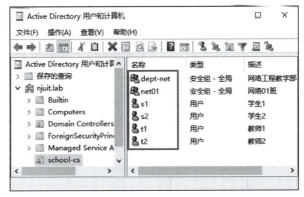

图 2-34　组织单位结构

④教师属于教学部，学生属于班级，所以需要将教师用户 t1 和 t2 添加到组 dept-net，将学生用户 s1 和 s2 添加到组 net01。例如，同时选中教师用户 t1 和 t2，右击选择"添加到组"命令，如图 2-35 所示。

⑤输入用户 t1 和 t2 对应的组名称 dept-net，单击"检查名称"按钮可以帮助检查输入的名称是否正确，单击"确定"按钮即可将用户加入组，如图 2-36 所示。

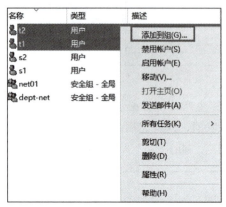

图 2-35　添加用户到组

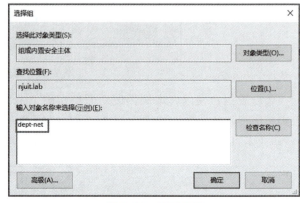

图 2-36　填写组名

⑥学生用户 s1 和 s2 以同样方式加入对应的组 net01 中，请读者自行完成。至此，AD 域相关的配置工作已完成。

2.4.5　部署 DNS 服务

1. 安装 DNS 服务

域控制器所使用的活动目录与 DNS 有着非常密切的关系，在第 2.4.4 节安装 AD 域服务时，即使未主动勾选 DNS 服务，安装程序也会自动安装 DNS 服务。再次进入"添加角色和功能向导"时可以看到"DNS 服务器（已安装）"的状态，所以本节无须再次安装。AD 域服务和 DNS 服务通常协同工作，在不使用 AD 域服务的场景下，需要单独安装 DNS 服务。

2. 配置 DNS 服务

本节将配置 DNS 记录，实现在域中可以正确解析计算机的域名。DNS 的查找区域包括正向查找区域和反向查找区域，两个区域相互对应。在正向查找区域中，添加主机记录，即通过主机名映射 IP 地址的记录；在反向查找区域中，添加指针记录，即通过 IP 地址映射到主机名的记录。具体步骤如下：

（1）在"服务器管理器"界面，选择"工具"菜单中的 DNS 命令，进入"DNS 管理器"界面。双击计算机名 dc，展开 DNS 目录的"正向查找区域"可以看到 njuit.lab 区域，但"反向查找区域"中没有任何内容。由于正向查找区域和反向查找区域是一一对应关系，因此需要先手动在"反向查找区域"中添加一个与 njuit.lab 相对应的区域。右击"反向查找区域"，选择"新建区域"命令进入"新建区域向导"界面，如图 2-37 所示。

（2）持续单击"下一步"按钮，直到出现如图 2-38 所示的"反向查找区域名称"对话框。"网络 ID"设置为对应的 VMnet2 网络子网地址 192.168.100.0 的前 3 个数字，单击"下一步"按钮。

项目 2 | IT 基础架构

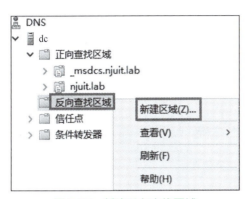

图 2-37 新建反向查找区域

图 2-38 设置反向查找区域的网络 ID

(3)"动态更新"界面无须配置,单击"下一步"按钮进入完成界面。单击"完成"按钮完成反向查找区域的创建。

(4)在 DNS 管理器中可以看到正向查找区域中的 njuit.lab 区域和反向查找区域中的 100.168.192.in-addr.arpa 区域相互对应,如图 2-39 所示。

(5)在正向查找区域 njuit.lab 中添加主机记录,右击 njuit.lab,选择"新建主机"命令,如图 2-40 所示。

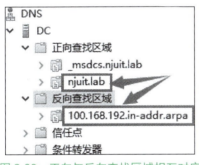

图 2-39 正向与反向查找区域相互对应

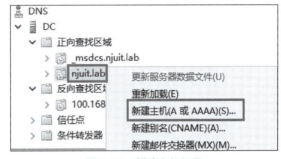

图 2-40 新建主机记录

(6)填写主机的名称和 IP 地址,例如,在项目 3 将添加第二台服务器,该服务器在域中的名称为 xenserver,IP 地址为 192.168.100.20。输入主机的名称及 IP 地址,并选中"创建相关的指针(PTR)记录"选项。该选项会帮助用户自动在反向查找区域中创建对应的指针记录,从而不需要再进入反向查找区域配置。单击"添加主机"按钮,如图 2-41 所示。若配置符合规范,系统会提示成功创建了主机记录 xenserver.njuit.lab。

(7)在项目 4 将添加第三台服务器,该服务器在域中的名称为 xendesktop,IP 地址为 192.168.100.30,同样在本节预先配置其 DNS 记录,步骤与添加 xenserver 主机的记录一致。添加完成后,DNS 正向查找区域的记录表如图 2-42 所示,本次新添加了 xenserver 和 xendesktop 的 DNS 记录。

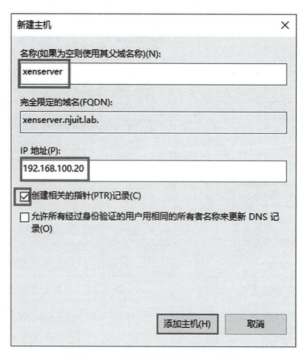

图 2-41　填写主机名称及 IP 地址

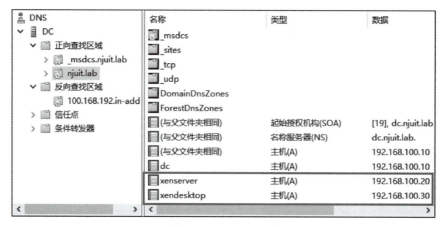

图 2-42　DNS 记录表

2.4.6　部署 DHCP 服务

1. 安装 DHCP 服务

（1）在服务器管理器的"仪表板"界面单击"添加角色和功能"选项，持续单击"下一步"按钮，直到出现如图 2-43 所示的"选择服务器角色"窗口。选中"DHCP 服务器"复选框，会弹出"添加角色和功能向导"对话框，单击"添加功能"按钮后，继续单击"下一步"按钮。

（2）持续单击"下一步"按钮，直到出现如图 2-44 所示的"确认安装所选内容"窗口，单击"安装"按钮。

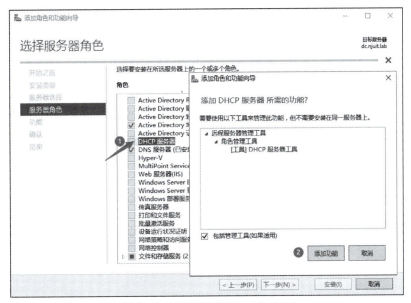

图 2-43 "选择服务器角色"窗口

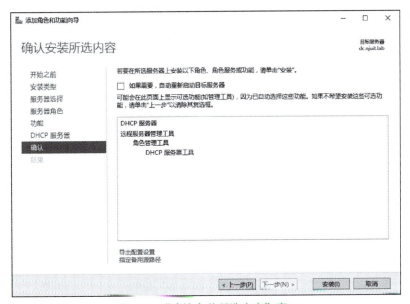

图 2-44 "确认安装所选内容"窗口

（3）出现"安装进度"窗口，安装完成后出现提示，单击"完成 DHCP 配置"选项，如图 2-45 所示。若此处不小心单击了"关闭"按钮，可以在右上方感叹号提示信息中单击"完成 DHCP 配置"继续配置。

（4）进入"DHCP 安装后配置向导"窗口，选择"描述"选项，单击"下一步"按钮。

（5）"授权"窗口需要指定用户凭证。DHCP 服务可以单独部署在非域环境的服务器上，由于本节将 DHCP 服务部署在 AD 域服务器上，因此域中的 DHCP 服务需要域管理员 NJUIT\Administrator 完成授权操作，单击"提交"按钮，如图 2-46 所示。最后单击"关闭"按钮结束安装向导，完成 DHCP 服务的安装。

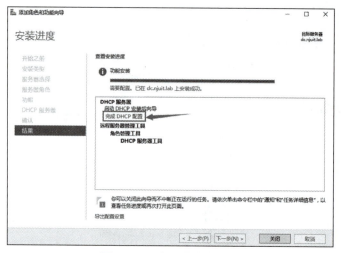

图 2-45 "安装进度"窗口

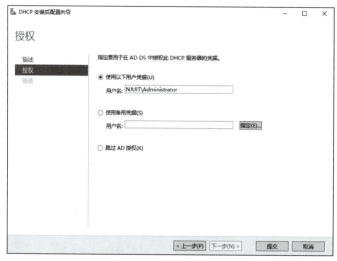

图 2-46 "授权"窗口

2. 配置 DHCP 服务

(1) 在"服务器管理器"界面选择"工具"菜单中的 DHCP 命令,进入 DHCP 管理界面。展开 DHCP 目录,右击 IPv4 选项,选择"新建作用域"命令,如图 2-47 所示。作用域是指分配给请求动态 IP 地址的计算机的 IP 地址范围,管理员必须创建并配置一个作用域之后才能动态分配 IP 地址。打开"新建作用域向导"对话框,单击"下一步"按钮。

图 2-47 新建作用域

(2) 作用域名称和描述均自定义,例如将作用域命名为 dhcp-pool,单击"下一步"按钮,如图 2-48 所示。

图 2-48 设置作用域名称

（3）填写准备分配的 IP 地址范围和掩码长度，例如将 192.168.100.101~192.168.100.200 这 100 个 IP 地址分配给用户计算机。单击"下一步"按钮，如图 2-49 所示。

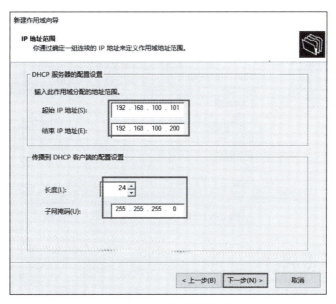

图 2-49 设置 IP 地址范围

（4）持续单击"下一步"按钮，直到显示如图 2-50 所示的"路由器（默认网关）"对话框。默认网关填写虚拟网络 VMnet2 的网关 IP 地址，即 192.168.100.1，单击"添加"按钮将网关加入配置中。

（5）持续单击"下一步"按钮，直到显示"正在完成新建作用域向导"对话框，单击"完成"按钮结束向导。

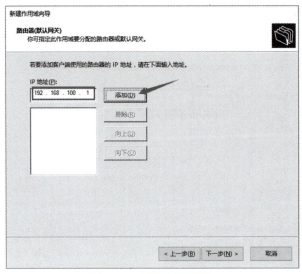

图 2-50　填写默认网关

（6）查看 DHCP 作用域的配置，在"地址池"中可以查看 DHCP 分配 IP 地址的范围；在"作用域选项"中可以查看设置的网关、DNS、域名等信息，如图 2-51 所示。若后续测试过程中遇到 DHCP 功能未生效或客户端设备自动获取的 IP 信息出错等问题，需要仔细排查 DHCP 管理器中"作用域选项"的配置。

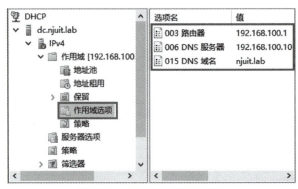

图 2-51　DHCP 作用域选项

2.5　项目测试

域控制器完成部署后，需要按照图 2-7 所示的拓扑结构进行测试。本次测试继续使用项目 1 的客户机 pc，将其模拟为校园实验室的物理计算机并加入域，验证域控制器的基本功能，并实现域用户通过微软远程桌面访问域中的客户机。

2.5.1　验证 DHCP

使用本地用户 test 登录客户机 pc。右击客户机 pc 桌面的 Windows 图标，选择"网络连接"命令，进入网络连接界面，双击 Ethernet0 适配器进入网卡 Ethernet0 的状态框，单击"属性"按钮进入"Ethernet0 属性"窗口，双击"Internet 协议版本 4"选项。将原来的静态 IP 修改为自动获取 IP 地址和 DNS 服务器地址，如图 2-52 所示。

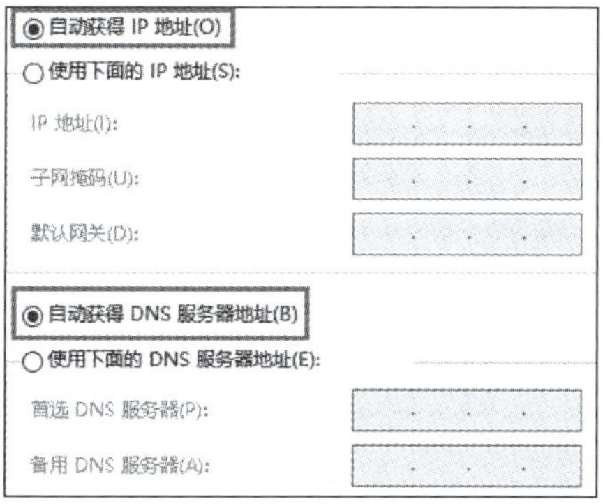

图 2-52　设置自动获取 IP 地址及 DNS 服务器地址

在客户机 pc 中按【Win+R】组合键打开"运行"对话框，输入 cmd 后按【Enter】键，即可运行 Windows 系统自带的"命令提示符"工具，使用 ipconfig /all 命令查看网络信息。可以看到客户机自动获取到 IP 地址 192.168.100.101，掩码为 255.255.255.0，默认网关为 192.168.100.1，DHCP 服务器和 DNS 服务器的 IP 地址均指向域控制器 192.168.100.10，如图 2-53 所示。以上测试结果证明部署在域控制器上的 DHCP 服务已正常工作。

图 2-53　客户机 pc 获取的 DHCP 信息

2.5.2　验证 DNS

在客户机 pc 上，使用 Windows 系统自带的 nslookup 命令可以查询域名解析情况，例如查询域名 dc.njuit.lab，得到对应的 IP 地址为 192.168.100.10；查询域名 xenserver.njuit.lab，得到对应的 IP 地址为 192.168.100.20；查询域名 xendesktop.njuit.lab，得到对应的 IP 地址为 192.168.100.30，如图 2-54 所示。在客户机 pc 上测试所有域名均得到正确解析，证明部署在域控制器 dc 上的 DNS 服务已正常工作。

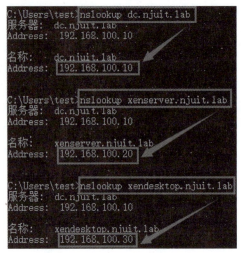

图 2-54 验证 DNS 解析结果

2.5.3 验证 AD

校园网中的设备均需要加入学校的域环境后才能使用域中的服务，本次验证重点：将客户机 pc 加入域 njuit.lab，验证域用户（教师及学生）是否可以登录该设备。验证步骤如下：

（1）将计算机加域。Workstation 虚拟机列表中选择客户机 pc，进入其控制台桌面，右击 Windows 图标，选择"系统"选项进入"系统"窗口，单击"更改设置"按钮，如图 2-55 所示。

图 2-55 更改计算机设置

（2）在"计算机名/域更改"对话框中将计算机名修改为 pc，将默认隶属信息由"工作组"修改为"域"，并填入学校的根域名 njuit.lab，单击"确定"按钮，如图 2-56 所示。

（3）更改计算机名及域信息的操作需要域管理员的权限，输入域管理员 administrator 和密码后单击"确定"按钮，如图 2-57 所示。

图 2-56　填写计算机名及域信息

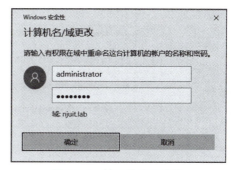
图 2-57　管理员确认操作

（4）设备成功加入域后会出现欢迎提示。单击"确定"按钮后根据提示重启客户机 pc。

（5）客户机成功加域并重启后，不再使用本地用户 test 登录系统，而是以域用户身份登录。在用户登录界面选择"其他用户"，输入域用户的账号和密码。例如，输入域账号 njuit\administrator 及其密码后可以正常登录，如图 2-58 所示。此时，使用该设备的用户为域用户而非本地用户。可以尝试注销当前域管理员用户并使用其他域用户登录，例如域用户 s1、s2、t1、t2 等，均能够正常登录使用客户机 pc。由此证明：用户计算机设备加入域后，域中的用户均可登录并使用该设备。

图 2-58　使用域账号登录客户机

2.5.4　验证远程桌面

在上一小节中验证了所有域用户均可以登录域中的计算机设备，但要求用户在设备面前使用。实际情况是用户在很多场景下不会在设备面前，而是通过远程访问的方式使用计算机。本节验证重点：验证域用户是否可以通过远程桌面方式访问域中的计算机设备。测试步骤如下：

（1）开启学生组的远程桌面权限。远程桌面权限需要域管理员开启，所以测试时必须使用域管理员 njuit\administrator 登录客户机 pc。右击 Windows 图标，选择"系统"命令进入

"系统"窗口,单击"远程设置"选项。

(2)在"远程桌面"设置中,项目1已完成远程桌面的设置,保持选中"允许远程连接到此计算机"选项,并取消选中"仅允许运行使用网络级别身份验证的远程桌面的计算机连接(建议)"。但还需要明确谁可以远程使用,所以需要单击"选择用户"按钮明确用户,如图2-59所示。

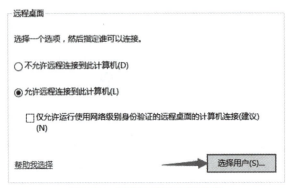

图2-59 设置远程桌面的用户

(3)在"远程桌面用户"配置中,可以看到域管理员默认已添加,若希望所有学生也能远程登录该桌面,只需要添加学生组并确认即可。例如,添加学生组net01,则该组中的所有学生用户s1和s2就能远程登录该设备,如图2-60所示。

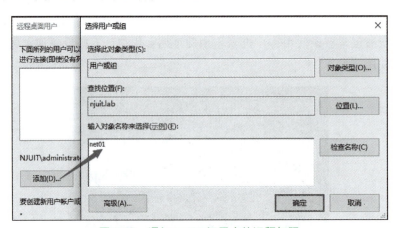

图2-60 添加net01组用户的远程权限

(4)单击客户机pc桌面的Windows图标,将当前用户注销,暂时离开VMware Workstation,切换到个人计算机的桌面,将使用个人计算机远程连接已加入域的客户机pc。在个人计算机上按【Win+R】组合键打开"运行"对话框,输入mstsc命令后运行"远程桌面连接"程序(或者在Windows搜索框中输入mstsc后单击运行)。

(5)在第2.5.1节查询到客户机pc的IP地址为192.168.100.101,所以在"计算机"输入框输入该IP,单击"连接"按钮后需要输入用户名和密码。此处测试域用户s1能否远程登录。输入域用户名njuit\s1和密码后登录,如图2-61所示。遇到安全证书提示时,单击"是"选项忽略即可。

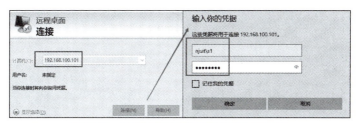

图 2-61 使用域账号登录客户机远程桌面

（6）经过验证，域用户 s1 可以正常登录客户机 pc 的桌面，此时切换回个人计算机上并再次运行一个远程桌面连接，使用域用户 s2 登录桌面时会出现"其他用户已登录"的提示。用户 s2 需要征得用户 s1 的同意才能登录系统。因为 Windows 10 是单会话操作系统，即同一时刻只能一个用户登录使用；而 Windows Server 是多会话系统，同一时刻允许多个用户同时登录使用。

通过以上验证，成功验证了域用户能够以远程桌面方式使用域中的计算机设备。为节省内存资源，在完成本项目的习题后，请将虚拟机 pc 关机但不要删除，在项目 8 中会继续使用虚拟机 pc。

小 结

通过验证发现同一时刻只能一个用户登录使用 Windows 10 客户机的桌面。通常，Windows 桌面级操作系统不支持多用户同时使用远程桌面，Windows 服务器级操作系统需要购买微软授权才能实现多用户同时远程登录桌面。如果一个班 50 人上课同时使用桌面，则需要 50 台物理机，这种设计不现实且使用成本太高；下课后机器处于闲置状态，物理硬件资源利用率太低，且管理效率非常低。面对这些问题，将在项目 3 通过服务器虚拟化技术进行改进。

习 题

一、简答题

1. 简述 AD 的全称及作用。
2. 简述本地用户和域用户的区别。
3. 简述 DNS 的全称及作用。
4. 简述 DHCP 的全称及作用。
5. 简述 Tools 工具的作用。

二、操作练习题

1. 在 2.5.4 节仅实现了学生用户远程登录并使用域中的客户机 pc，请动手实现教师用户远程登录并使用域中的客户机 pc。
2. 为节约实验资源，请在 Workstation 中将客户机 pc 关机，但不要删除。

项目 3 服务器虚拟化

学习目标

- 了解服务器虚拟化的应用场景。
- 了解主流的服务器虚拟化产品。
- 理解服务器虚拟化的定义与特征。
- 理解虚拟交换机的工作原理。
- 掌握服务器虚拟化平台的业务操作。

项目结构图

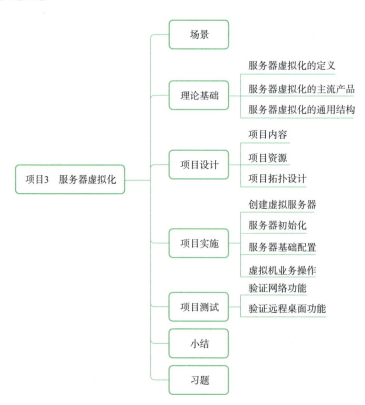

服务器虚拟化是云计算的核心技术之一，可以为上层的桌面云应用提供基础设施资源。本章重点讲解服务器虚拟化的概念与通用架构，并以主流的企业级服务器虚拟化产品为载体开展服务器虚拟化项目，为后续桌面虚拟化项目做准备。

3.1 场景

2010 年，NASA（美国国家航空航天局）和 Rackspace 公司联合发布了开源的云平台 OpenStack（也可称为云操作系统），用于管理大型数据中心的计算、网络、存储等资源，并提供高可用、负载均衡、虚拟私有云等高级功能。OpenStack 迅速成为众多企业构建私有云的首选方案，它的兴起带动了国内云计算行业的全面发展，云计算技术已被广泛应用于各个领域。

随着云计算技术的不断发展，越来越多高校开始将传统数据中心改造成云数据中心，将传统电子教室改造成云教室，其中最重要的技术之一就是服务器虚拟化。服务器虚拟化可以将硬件服务器的资源抽象成一个资源池，上层用户需要资源时从这个资源池中获取即可，这种方式极大提高了服务器资源利用率。李某对学校的桌面项目进行升级，在数据中心的物理服务器上部署虚拟化系统，形成一个抽象的资源池。用户不再接触物理的服务器或 PC，而是借助云平台或远程桌面来使用虚拟机，使用体验与之前一致。可以将这种场景定义为校园 DaaS 场景 V2.0 版本，如图 3-1 所示。

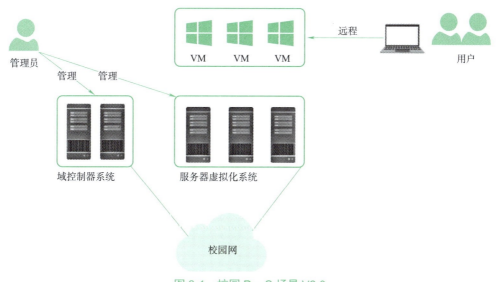

图 3-1　校园 DaaS 场景 V2.0

3.2 理论基础

3.2.1 服务器虚拟化的定义

我们在日常工作和学习过程中会经常使用到虚拟机（VM）。虚拟机是指由虚拟硬件、可独立运行的操作系统及应用程序软件组成的计算机。虚拟机的 CPU、内存、硬盘和网卡等虚拟硬件来源于虚拟机所寄居的物理机。在很多使用场景下,虚拟机的使用体验非常接近物理机,这使得用户无法感知自己的计算机是虚拟机还是物理机。本书介绍的桌面云产品也是如此,并具有更好的使用体验。

从操作系统到应用,每一个新软件总会不断产生新的需求,它需要更多的数据、更高的处理能力、更大的内存。虚拟化技术可将单台物理计算机作为多台虚拟计算机使用,从而节省更多服务器和工作站的成本。服务器虚拟化是一种经过实践反复验证的技术,它允许在单一物理服务器上运行多台虚拟机。例如,在一台物理服务器上同时运行多个 Windows 及 Linux 系统的虚拟机。虚拟机之间相互隔离,并通过虚拟机管理程序降低与底层物理主机的耦合性。

服务器虚拟化的关键技术是虚拟机管理程序(hypervisor),又称虚拟机监视器(virtual machine monitor,VMM),可以理解为虚拟化软件或虚拟化系统,用于创建和运行虚拟机。hypervisor 可直接连接到硬件,从而将一个系统划分为多个独立的安全环境,即虚拟机。虚拟机监控程序能够将计算机资源与硬件分离并适当分配资源,这一功能对虚拟机十分重要。在使用服务器虚拟化技术后,物理服务器的 CPU、内存、硬盘和网卡等硬件资源被抽象成一个资源池,并由 hypervisor 管理调度。多个操作系统在 hypervisor 的协调下可以共享资源池的硬件资源,同时每个操作系统又可以保存彼此的独立性。hypervisor 能够有效提高物理服务器的资源利用率。

服务器虚拟化通常分为两种类型:1 型虚拟化和 2 型虚拟化。这两种虚拟化类型的结构图如图 3-2 所示。

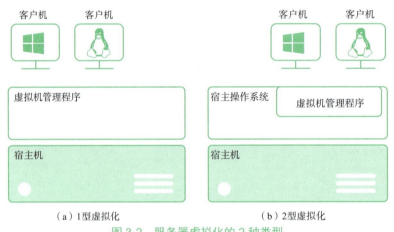

图 3-2 服务器虚拟化的 2 种类型

(1)1 型虚拟化:裸金属型(bare-metal),可以理解为在物理服务器上直接安装虚拟化系统。这种虚拟化方式的效率较高,许多商业厂家的虚拟化产品采用这种类型,例如 Citrix 公司的 XenServer、VMware 公司的 ESXi、华为公司的 FusionCompute 等。

(2)2 型虚拟化:宿主型(host),可以理解为先安装常规的操作系统(例如 Windows 或 Linux),然后安装虚拟化软件。通过图 3-2 对比两类虚拟化的架构,可以看出 2 型虚拟化比 1 型虚拟化在结构层上多出一个宿主操作系统(host OS)层,会产生额外开销,因此在性能上会有损失。目前，也有较多公司和组织使用该类型开发虚拟化产品，例如 VMware 公司的 Workstation、Linux 开源的 KVM、微软公司的 Hyper-V 等。

宿主机上的每台虚拟机可以运行不同的操作系统和应用。由于这些虚拟机与底层物理主机相分离，所以虚拟机也可以从一台物理服务器迁移到另一台物理服务器，并且虚拟机可以实时迁移，即迁移虚拟机的过程中仍可以保持业务正常运行，这个特性对于金融行业尤为重要。虚拟机比物理机更灵活，具备更多高级特性。服务器虚拟化技术正在改变企业实施云计算的方式，可以提高服务器资源利用率，节能减排。企业通常将多台物理服务器构建成虚拟化集群，并将企业业务部署在集群的虚拟机中。

3.2.2 服务器虚拟化的主流产品

在服务器虚拟化领域，众多商业公司推出了企业级虚拟化解决方案，目前基本属于 VMware、Citrix、KVM 三强鼎立的局面，其中前两个为商业公司的虚拟化方案，KVM 开源免费。本项目重点介绍 Citrix 的虚拟化产品 XenServer，并讲解通用的虚拟化技术，便于快速应用其他产品。

Citrix（思杰公司）是一家致力于云计算虚拟化、虚拟桌面和远程接入技术领域的高科技企业。其推出的 XenServer 虚拟化系统源自早期的 Xen 虚拟化技术。Xen 是一款出色的开源虚拟化管理程序，最初它是剑桥大学计算机实验室的一个 x86 虚拟化研究项目，但 Xen 很快就超出了研究范畴，并成立了一个独立的公司 XenSource 进行产品开发。Xen 虚拟化技术被广泛认为是业界最快速、最安全的虚拟化软件。Citrix 公司在 2007 年收购了 XenSource。XenServer（自 8.0 版本开始更名为 Citrix Hypervisor）是 Citrix 基于 Xen 的服务器虚拟化产品，是一种易于管理的服务器虚拟化平台，可以高效地管理 Windows 和 Linux 虚拟服务器，并提供经济高效的服务器整合和业务连续性。

VMware 公司的 ESXi 是一款可以独立安装和运行在裸机上的系统，与常见的 VMware Workstation 软件的不同之处是它不再依赖于宿主操作系统之上。在 ESXi 服务器上创建多个虚拟机，再为这些虚拟机安装操作系统，使之成为能提供各种网络应用服务的虚拟服务器。ESXi 在内核级支持硬件虚拟化，运行于其中的虚拟服务器在性能与稳定性上不亚于普通物理服务器，而且易于管理与维护。ESXi 作为底层虚拟化平台，目前被许多企业用于构建私有云和桌面云。

KVM（kernel-based virtual machine，基于内核的虚拟机）是业界主流的管理程序之一。它是一个开源的系统虚拟化模块，自 Linux 2.6 之后集成在 Linux 的各个主要发行版本中。目前，许多开源社区均基于 KVM 开发企业级虚拟化产品，如 oVirt、Proxmox VE 等。开源免费的 KVM 可以在部分应用场景下取代商业公司的收费产品，从而节省企业在商业授权费用上的支出。

3.2.3 服务器虚拟化的通用结构

通常在服务器（也可称为主机）上安装虚拟化系统，如 XenServer，使该服务器具备创建虚拟机（也可称为客户机）的能力。同时，虚拟化系统会在服务器上运行虚拟交换机（也可成为虚拟网络），如图 3-3 所示。虚拟交换机实质是软件，可以模拟物理二层交换机的基本功能,并连接上层的虚拟机与服务器的物理网卡,从而实现上层虚拟网络与底层物理网络的通信,即物理环境中的计算机可以和服务器上的虚拟机进行双向通信。目前,大多数服务器虚拟化产品采用的虚拟交换机软件是开源的 Open vSwitch,该软件具有丰富的虚拟网络功能。

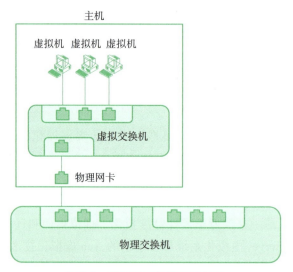

图 3-3 服务器运行虚拟交换机

服务器虚拟化产品在实现上有 1 型和 2 型的区别,在商业模式上有开源和闭源的区别,众多厂家及开源社区均推出各具特色的虚拟化产品。对于用户来说,可选的产品种类很多,但这些产品都可以用图 3-3 所示的通用结构来理解。掌握该结构及虚拟交换机的工作原理,可以做到融会贯通,不局限于某个厂家的产品,同时为后续桌面云系统的学习提供帮助。

3.3 项目设计

3.3.1 项目内容

本项目作为校园 DaaS 项目的 V2.0 版本,对项目 2 的 V1.0 版本进行优化,引入服务器虚拟化系统,用户计算机将以虚拟机的形态运行在服务器上,而不是以物理机的形态存在。项目的目的是掌握服务器虚拟化系统的基本业务操作,理解服务器虚拟化技术给 IT 运维管理带来的便利。项目内容如下:

(1)准备服务器,安装 XenServer 7.6 虚拟化系统并完成网络配置。

(2)管理员使用 XenCenter 客户端连接并管理 XenServer。在域控制器上开启文件共享,将共享目录挂载给 XenServer 作为 ISO 镜像库。使用镜像库的 ISO 文件创建客户虚拟机。

(3)管理员将客户机加入域,以远程桌面的方式提供给域用户使用。

3.3.2 项目资源

本项目所需的计算资源包括 2 台服务器,在实验过程中使用虚拟机模拟这些计算资源,计算资源配置见表 3-1。

表 3-1 计算资源配置

计算机名称	角色	配置	挂载的镜像文件
dc	服务器：域控制器	2 个 CPU 内核，1 200 MB 内存，60 GB 硬盘，1 个网卡	cn_windows_server_2016_vl_x64_dvd_11636695.iso
xenserver	服务器：服务器虚拟化系统	4 个 CPU 内核（需要开启硬件辅助虚拟化功能），6 000 MB 内存，200 GB 硬盘，1 个网卡	XenServer-7.6.0-install-cd.iso

思杰产品的官方下载页面提供了搜索功能，其服务器虚拟化产品已由 XenServer 更名为 Citrix Hypervisor，如图 3-4 所示。在下拉列表中选择产品名称后会跳转到产品详情页面。例如，选择 Citrix Hypervisor，详情页会展示最新的 Citrix Hypervisor 版本及 XenServer 的历史版本。用户需要注册思杰账号后选择其中开放下载权限的版本下载。

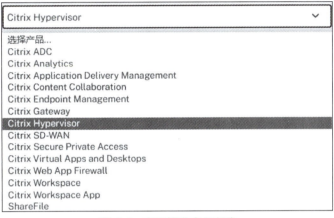

图 3-4 官网搜索产品名称

本书使用 XenServer 7.6 Free 版本，选择 XenServer 7.6 系统安装包和 XenCenter 管理工具（中文版）下载即可，如图 3-5 所示。

XenServer 需要配合 XenCenter 管理端使用，通过 XenCenter 连接 XenServer 进行具体的业务操作。XenServer 是 Citrix 公司的虚拟化管理器 Hypervisor；而 XenCenter 是管理 XenServer 的客户端（目前只能在 Windows 系统上安装使用）。

备注：Citrix 公司将其服务器虚拟化产品自 8.0 版本开始由 XenServer 更名为 Citirx Hypervisor，两者在功能界面、操作方式等方面基本一致。很多桌面云工程师都经历过早期 XenServer 多个版本迭代，他们更习惯使用 XenServer 这个名称，所以在文章中仍使用 XenServer 表示思杰的服务器虚拟化产品。本书使用 XenServer 7.6 Free 版本，对 8.x 版本感兴趣的读者可以在官网下载相关安装包，并在虚拟环境或物理环境中部署使用。

3.3.3 项目拓扑设计

本节将开始动手实验，创建一台虚拟机作为服务器，并安装 XenServer 服务器虚拟化系统。这里将实现一个最小化的私有云实验环境。使用 VMware Workstation 软件模拟实现图 3-1 场景，实验环境拓扑设计如图 3-6 所示。

图 3-5 下载 XenServer 及 XenCenter

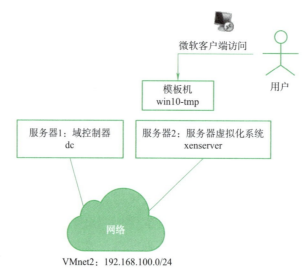

图 3-6 实验环境拓扑

本项目复用项目 2 配置的域控制器 dc，并添加第 2 台服务器 xenserver 作为服务器虚拟化系统，安装 Citrix XenServer 虚拟化系统，在服务器 xenserver 上创建一台模板虚拟机 win10-tmp，基于该模板可以批量复制多台虚拟机，减少重复工作。XenServer 上运行的虚拟机用于模拟校园网中的物理服务器或 PC，用户通过微软远程桌面的方式访问这些虚拟机，管理员对域控制器和服务器虚拟化系统进行管理。本项目的 IP 地址规格见表 3-2。其中，虚拟机 dc 为域控制器，并提供文件共享服务，IP 地址为 192.168.100.10；虚拟机 xenserver 为 Hypervisor，模拟物理服务器，并安装 XenServer 7.6 虚拟化系统，IP 地址设置为 192.168.100.20；虚拟机 win10-tmp 为运行在 xenserver 服务器上的虚拟机，可作为批量创建虚拟机的模板，安装 Windows 10 企业版操作系统，IP 地址使用 DHCP 方式自动获取。

表 3-2 项目 IP 地址规划

计算机名称	操作系统	域名	IP 地址
dc	Windows Server 2016 数据中心版	dc.njuit.lab	192.168.100.10
xenserver	XenServer 7.6	xenserver.njuit.lab	192.168.100.20
win10-tmp	Windows 10 企业版	win10-tmp.njuit.lab	DHCP

3.4 项目实施

3.4.1 创建虚拟服务器

本项目基于项目 2 添加第二台服务器，使用 Workstation 软件模拟实现。首先创建一台虚拟机，作为 XenServer 服务器并安装 XenServer 7.6 系统。具体步骤如下：

（1）运行 VMware Workstation 软件，选择"文件"→"新建虚拟机"命令，打开"新建虚拟机向导"对话框，选择"典型"类型，单击"下一步"按钮。

（2）安装来源选择"稍后安装操作系统"，单击"下一步"按钮。

（3）客户机操作系统选择"其他"，版本选择"其他 64 位"，单击"下一步"按钮，如图 3-7 所示。

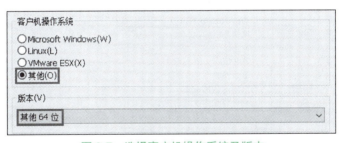

图 3-7 选择客户机操作系统及版本

（4）虚拟机名称自定义，例如 xenserver，存储位置使用默认值或自定义，单击"下一步"按钮。

（5）磁盘大小设置为 200 GB，选中"将虚拟磁盘存储为单个文件"，该选项可以提升虚拟机磁盘的性能，单击"下一步"按钮。

（6）单击"自定义硬件"，此处需要对处理器、内存、光驱、网卡等硬件进行配置。

（7）选择"内存"设备，内存设置为 6 000 MB（此值为满足实验的最小值，读者可根据实际硬件情况设置）。

（8）选择"处理器"设备，处理器内核总数至少为 4（此值为满足实验的最小值，读者可根据实际硬件情况设置），并选中"虚拟化 Intel VT-x/EPT 或 AMD-V/RVI"选项，即支持在该虚拟机上嵌套创建虚拟机，如图 3-8 所示。

图 3-8　CPU 配置

（9）选择 CD/DVD 设备，单击"使用 ISO 映像文件"后，单击"浏览"按钮选择已下载的 XenServer 7.6 的 ISO 镜像文件 XenServer-7.6.0-install-cd.iso。

（10）选择"网络适配器"，网络连接类型选择"自定义"，并选择自己创建的"VMnet2（仅主机模式）"虚拟网络。虚拟机硬件配置如图 3-9 所示。最后单击"完成"按钮，一台名为 xenserver 的虚拟服务器完成创建。

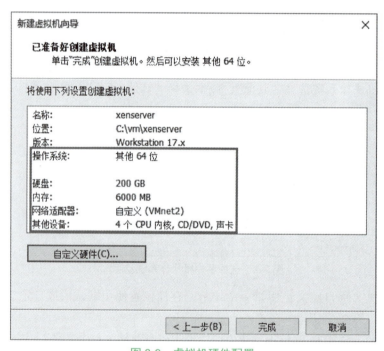

图 3-9　虚拟机硬件配置

3.4.2　服务器初始化

安装 XenServer 7.6 虚拟化系统

（1）开启虚拟机 xenserver，自动进入系统安装向导。大部分服务器虚拟化产品（如 ESXi、XenServer、PVE 等）都是基于 Linux 操作系统定制，所以安装过程与安装 Linux 操作系统类似。安装 XenServer 系统时只能使用键盘，通过按【Tab】键或方向键进行选择，安装界面无法使用鼠标。系统加载后进入键盘布局界面，默认使用美式键盘，按【Enter】键确认，如图 3-10 所示。

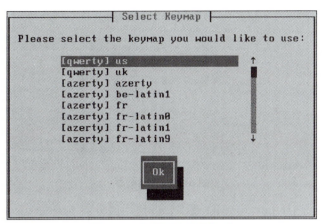

图 3-10 选择键盘布局方式

（2）进入系统安装欢迎界面，选择 Ok 选项，如图 3-11 所示。

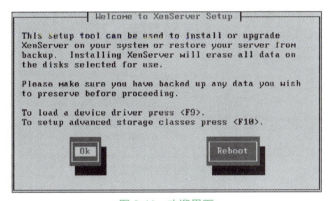

图 3-11 欢迎界面

（3）在用户协议界面，选择 Accept EULA 接受用户许可协议，如图 3-12 所示。

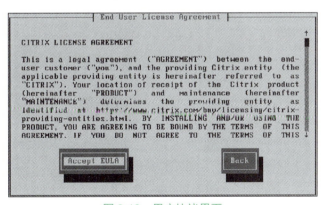

图 3-12 用户协议界面

（4）默认选择第一块硬盘作为虚拟化存储，按【Tab】键移动到下一选项，按空格键选中 Enable thin provisioning (Optimized storage for XenDesktop) 选项，表示开启磁盘精简置备的设置，该选项专门为 XenDesktop 桌面云解决方案优化设计，可以有效节省磁盘空间，如图 3-13 所示。

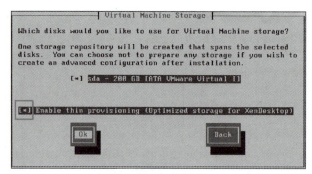

图 3-13 存储配置

（5）安装介质源选择 Local media 选项，即使用服务器本地 CD 驱动器中的 ISO 文件作为安装源，其余选项为网络安装方式，如图 3-14 所示。

图 3-14 使用本地安装介质

（6）验证安装源界面，选择 Skip verification 选项跳过验证，否则会花费时间对安装源的完整性进行检测，如图 3-15 所示。

图 3-15 验证安装源

（7）设置并确认 root 用户的密码，如 1qaz!QAZ，如图 3-16 所示。XenCenter 客户端将使用此密码连接到 XenServer 服务器。

（8）选择 Static configuration 选项，为服务器设置固定 IP 地址，按照项目 2 中配置的 DNS 记录进行配置，例如，IP 地址为 192.168.100.20，掩码为 255.255.255.0，网关为 192.168.100.1，如图 3-17 所示。

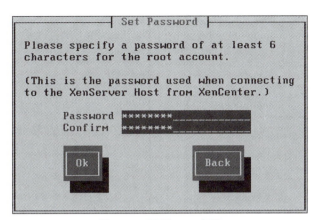

图 3-16 设置 root 密码

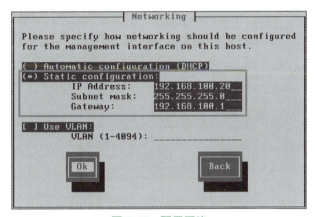

图 3-17 配置网络

（9）主机名自定义，例如 xenserver，因为域控制器上部署了 DNS 服务，所以 DNS 服务器填写域控制器的 IP，即 192.168.100.10，如图 3-18 所示。

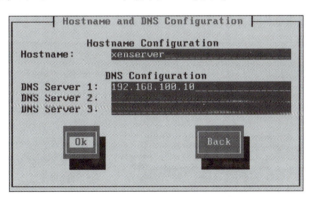

图 3-18 配置 DNS 服务器信息

（10）按地理区域和城市设置时区。可以输入区域或城市名称的首字母以跳转至第一个以此字母开头的条目。选择 Asia 亚洲时区，如图 3-19 所示。

进入城市列表，按【B】键可以快速定位到 Beijing，选择北京时间，如图 3-20 所示。

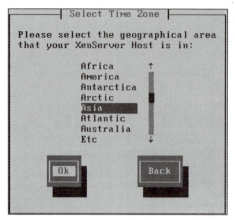　　　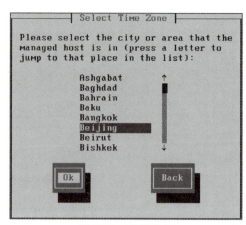

图 3-19　选择时区　　　　　　　　　图 3-20　选择城市

（11）系统时间选择 Manual time entry 选项，手工设置时间。如果网络中有 NTP 服务器，则选择 Using NTP 选项，使用 NTP 服务器，如图 3-21 所示。

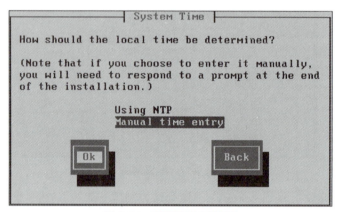

图 3-21　设置系统时间源

（12）选择 Install XenServer 选项，开始安装系统，如图 3-22 所示。

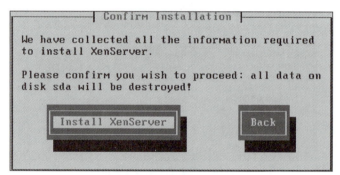

图 3-22　确认安装

（13）安装过程中会询问是否安装增量包，选择 No 选项，如图 3-23 所示。

（14）设置时间界面，设置服务器系统时间与个人计算机的系统时间保持一致，如图 3-24 所示。

图 3-23 是否安装增量包

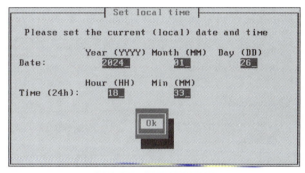

图 3-24 设置系统时间

（15）XenServer 安装用时约 10 min。安装完成后选择 Ok 选项，系统将自动重启。XenServer 系统加载完成后，系统界面如图 3-25 所示，可以看到 XenServer 服务器的网络信息。在个人计算机上可以使用 ping 命令测试能否 ping 通 XenServer 服务器的 IP 地址。XenServer 系统界面提供了 Shell 命令行方式用于系统管理，可以通过命令创建虚拟机，但需要熟悉命令才能进行运维。当管理员对 XenServer 服务器进行业务操作和管理维护时，通常使用带图形界面的 XenCenter 客户端连接 XenServer 服务器进行操作。

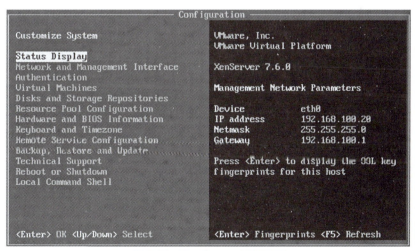

图 3-25 XenServer 系统界面

3.4.3 服务器基础配置

1. 安装 XenCenter 客户端

很多服务器虚拟化系统（如 ESXi、PVE 等）通过浏览器即可访问服务器的管理界面。

XenServer 并未提供基于 Web 浏览器的管理方式，但提供了软件客户端 XenCenter，用于管理多个 XenServer 主机构成的资源池以及运行在虚拟化层的虚拟机。管理 XenServer 服务器时，需要在个人计算机上安装 XenCenter 客户端，其 Windows 平台的软件包名称为 XenServer-7.6.0-XenCenter.l10n.msi，安装过程非常简单，与安装一个普通软件无区别，根据安装向导使用默认配置即可完成安装。在 Windows 开始菜单栏中可以看到新安装的 Citrix XenCenter 程序，运行后将打开 XenCenter 的控制台。

2. XenCenter 客户端连接 XenServer 服务器

在 XenCenter 菜单栏中单击"添加新服务器"按钮，打开"添加新服务器"对话框。填写 XenServer 服务器的 IP 地址和 root 密码后，单击"添加"按钮，如图 3-26 所示。若弹出安全证书的提示窗口，单击"接受"按钮确定。

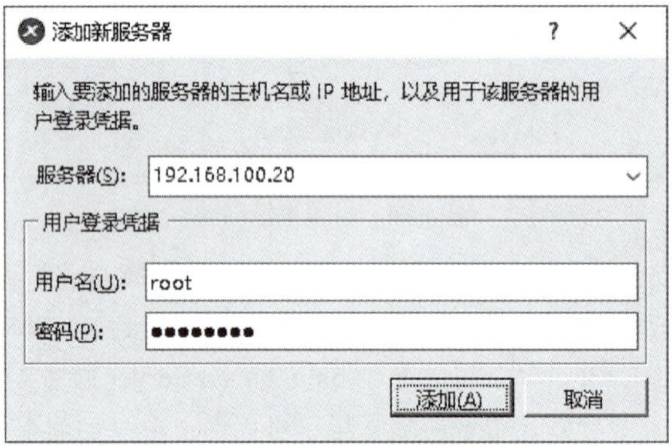

图 3-26　添加新服务器

3. 添加 ISO 存储

使用 XenServer 创建虚拟机时，需要为虚拟机挂载操作系统的镜像文件。XenCenter 提供了多种添加 ISO 存储的方式，如命令行、文件共享等。本节使用最简单的文件共享方式，在域控制器 dc 上创建共享目录，使用 XenCenter 将该共享目录添加为 XenServer 服务器的 ISO 存储，作为 ISO 库给虚拟机使用。

VMware Workstation 提供了非常实用的文件复制功能，通过鼠标拖动文件，即可将文件从个人计算机复制到虚拟机。以域管理员身份登录域控制器 dc，在 dc 的桌面上新建文件夹 share，依次将个人计算机上的 iso 文件拖动到域控制器 dc 的 share 文件夹中即可（或使用复制和粘贴快捷键）。如图 3-27 所示，本次需要复制 3 个 iso 文件：Windows 10 专业版操作系统镜像 cn_windows_10_enterprise_2016_ltsb_x64_dvd_9060409.iso、Windows Server 2016 操作系统镜像 cn_windows_server_2016_vl_x64_dvd_11636695.iso 和思杰桌面虚拟化软件镜像 XenApp_and_XenDesktop_7_15.iso。

我们可以把这个目录共享给 XenServer 使用。进入域控制器 dc，右击 share 文件夹，选择"属性"命令进入文件夹属性对话框，单击"共享"选项卡中的"高级共享"，在打开的对话框中选中"共享此文件夹"复选框，共享名自定义，例如 share，最后单击"确定"按钮完成共享，如图 3-28 所示。

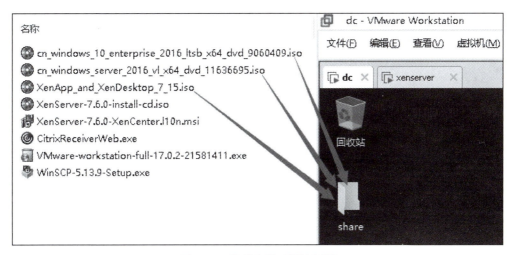

图 3-27 拖动文件至域控制器

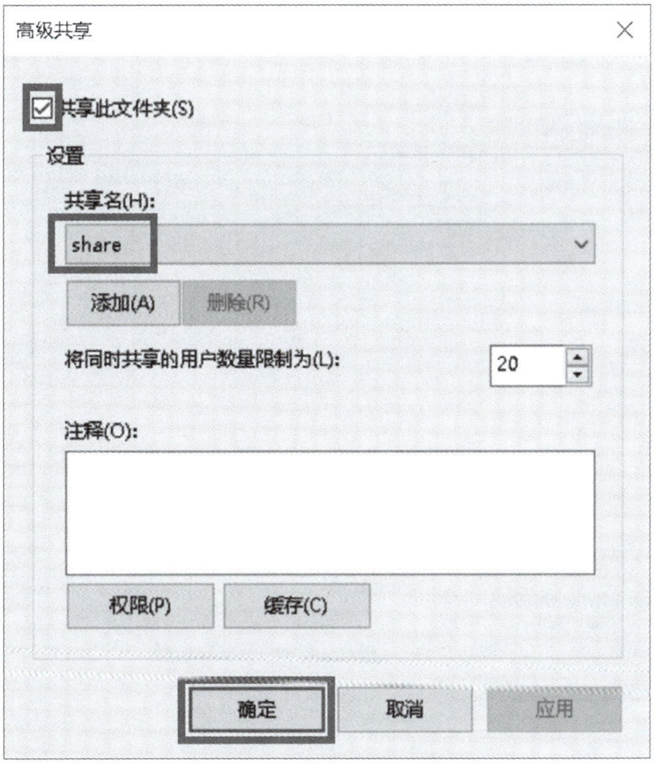

图 3-28 设置文件共享

在 XenCenter 顶部菜单栏中选择"新建存储"选项，打开"新建存储库"对话框，ISO 库选择"Windows 文件共享"，如图 3-29 所示。

名称使用默认值"SMB ISO 库"（见图 3-30），单击"下一步"按钮。共享名称填写域控制器 dc 的共享目录地址"\\192.168.100.10\share"，填写域控制器的 administrator 用户名和密码，如图 3-31 所示。

图 3-29　设置 ISO 库

图 3-30　设置名称

图 3-31　填写共享名称及用户信息

添加成功后，可以看到 XenServer 服务器新挂载了一个网络存储"SMB ISO 库"，并且单击"存储"选项卡可以看到可用的镜像 ISO 文件，如图 3-32 所示。

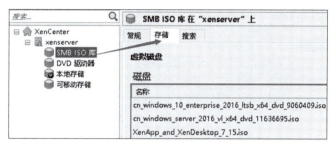

图 3-32　SMB ISO 库

3.4.4　虚拟机业务操作

1. 创建虚拟机

XenServer 发放虚拟机的过程与 VMware Workstation 基本一致，我们希望制作一台模板虚拟机并安装好操作系统，后续批量发放虚拟机时可以基于该模板虚拟机复制产生，从而避免重复安装操作系统的过程。具体步骤如下：

（1）在 XenCenter 顶部菜单栏选择"新建 VM"进入新建虚拟机向导。模板选择"Windows 10（64-bit）"。单击"下一步"按钮，如图 3-33 所示。

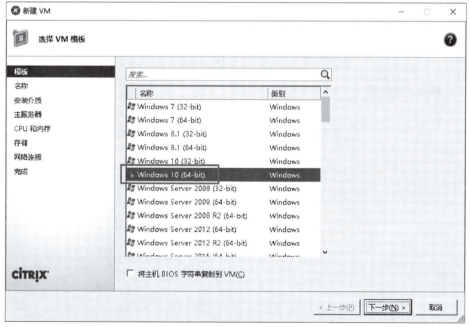

图 3-33　选择 VM 模板

（2）虚拟机名称自定义，例如命名为 win10-tmp，如图 3-34 所示。后续将以该虚拟机为模板发放桌面，桌面虚拟机开机即可使用，减少安装操作系统及 Tools 工具的重复工作。

（3）安装介质选择 ISO 库中的 Windows 10 企业版镜像，如图 3-35 所示。

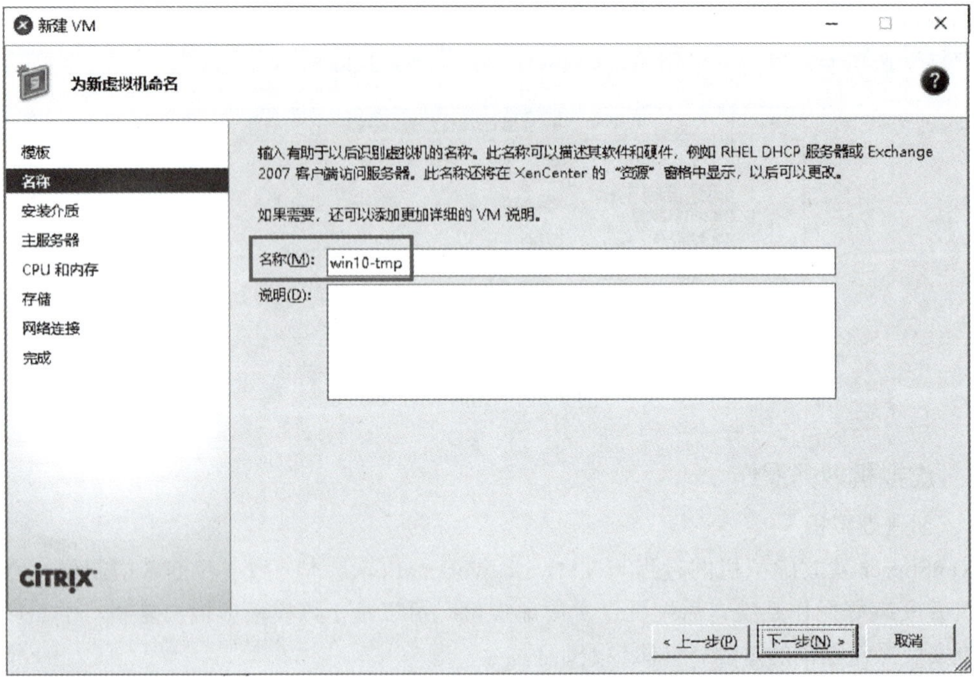

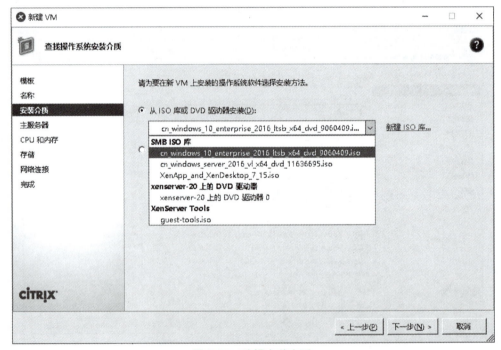

图 3-34　为虚拟机命名

图 3-35　选择安装介质

（4）在主服务器窗口中，当前资源池只有 1 台服务器，可以看到服务器 xenserver 的内存使用情况，当前可用内存资源为 4.8 GB，默认单击"下一步"按钮，如图 3-36 所示。若环境中有多台 XenServer 服务器构成集群，可以选择合适的服务器用于运行虚拟机。

图 3-36　选择主服务器

（5）为节约硬件资源，将 vCPU 数量设置为 1，内存设置为 2 GB，如图 3-37 所示。

图 3-37　分配处理器和内存资源

（6）在存储窗口中，默认使用 XenServer 服务器的本地磁盘进行存储，可以看到 XenServer 7.6 系统默认为虚拟机分配的磁盘空间为 24 GB，磁盘空间大小可以调整。单击"下一步"按钮，如图 3-38 所示。

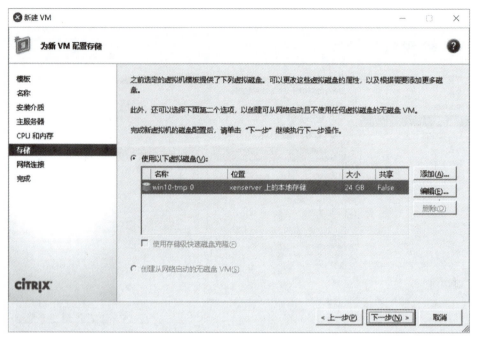

图 3-38 为 VM 配置存储

（7）在网络连接窗口中，使用默认的虚拟网络"网络 0"，该网络与宿主机的 VMnet2 网络连通，如图 3-39 所示。

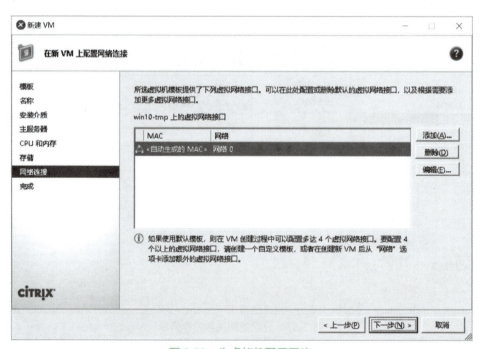

图 3-39 为虚拟机配置网络

（8）在"完成"对话框中，单击"立即创建"按钮，开始创建虚拟机并启动虚拟机，如图 3-40 所示。

图 3-40　准备创建新虚拟机

2. 安装客户操作系统

进入虚拟机 win10-tmp 的控制台，安装 Windows 10 操作系统的过程与第 1.4 节类似。可以单击 XenCenter 界面右下角的"取消停靠"按钮得到一个单独的控制台，或者单击"全屏"按钮将控制台全屏显示，如图 3-41 所示。为便于记忆，虚拟机的本地用户名和密码建议仍使用 test 和 123456。由于嵌套虚拟化的性能开销较大，安装操作系统用时约 15 min，需要耐心等待，本节不再复述，请读者自行在虚拟机的控制台中完成，控制台下方的快捷键可以为操作提供便利。

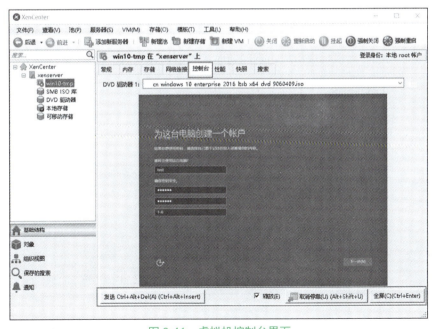

图 3-41　虚拟机控制台界面

3. 安装 Tools 工具

Citrix 的 XenServer Tools 与 VMware 的 Tools 类似，可以为虚拟机提供高性能的 I/O 服务，同时控制 XenServer 系统模拟传统设备产生的开销。右击虚拟机 win10-tmp，选择 "安装 XenServer Tools" 命令，虚拟机控制台的 DVD 驱动器会自动挂载文件 guest-tools.iso，虚拟机的 CD 驱动器会加载 Tools 工具的安装包，如图 3-42 所示。

进入文件资源管理器，双击 CD 驱动器，按照提示使用默认配置完成 Tools 安装。Tools 需要重启虚拟机才能生效，若未自动重启则需要手动重启虚拟机。重启后使用本地用户账号 test 登录。

4. 虚拟机加域

根据场景图 3-1，运行在服务器 xenserver 上发放的虚拟机需要加入学校的域才能给域用户使用，所以需要管理员将虚拟机加入域 njuit.lab。单击虚拟机 win10-tmp 的控制台进入其桌面，右击 Windows 图标，选择 "系统" 命令进入 "系统" 窗口，单击 "更改设置" 按钮。在 "系统属性" 对话框中单击 "更改" 按钮，将计算机名修改为 win10-tmp 便于识别，隶属关系勾选域并填写域名 njuit.lab。该步骤与第 2.5.3 节一致，这里不再赘述。加域需要输入域管理员账号 administrator 和密码并根据提示重启，再次登录时选

图 3-42　虚拟机加载 XenServer Tools

择 "其他用户"，以域管理员 njuit\administrator 登录虚拟机 win10-tmp，后续不再使用本地用户 test 登录。

5. 虚拟机快照

在验证了域管理员可以正常登录模板虚拟机 win10-tmp 后，右击该虚拟机并选择 "生成快照" 命令。创建第一次快照 s1 并描述当前虚拟机状态，如图 3-43 所示。在制作模板过程中，建议多使用快照功能。当模板虚拟机出现问题时，可以快速回退，提高工作效率。

图 3-43　创建快照

3.5 项目测试

3.5.1 验证网络功能

本节重点理解 XenServer 虚拟化系统的虚拟网络。XenServer 系统安装完成后，系统默认创建一个名为 Network 0 的虚拟交换机（也可称为虚拟网络），如图 3-44 所示。该虚拟交换机桥接到 XenServer 服务器的名为"网卡 0"的物理网卡上。用户的所有虚拟机均连接到该虚拟交换机，并借助虚拟交换机和"网卡 0"实现与外部网络的通信。因此，个人计算机可以访问 XenServer 发放的虚拟机，并且域控制器 dc 与 xenserver 上的虚拟机可以相互通信，将 DHCP、DNS 等服务提供给这些虚拟机。

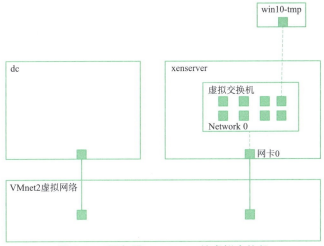

图 3-44　服务器 xenserver 的虚拟交换机

1. 验证 DHCP

在模板虚拟机 win10-tmp 的控制台中，打开命令提示符窗口，使用 ipconfig /all 命令查看网络信息，可以看到模板机 win10-tmp 自动获取到 IP 地址 192.168.100.102，并且网关、DHCP 和 DNS 服务器信息均正确，如图 3-45 所示。这些网络信息是由域控制器 dc 上的 DHCP 服务提供的。

图 3-45　验证 DHCP 功能

2. 验证 DNS

模板机 win10-tmp 已加入域 njuit.lab，使用 nslookup 命令查询域控制器 dc 中配置的域名，例如 xenserver.njuit.lab 和 xendesktop.njuit.lab 等，均可以正确解析出对应的 IP 地址，如图 3-46 所示。

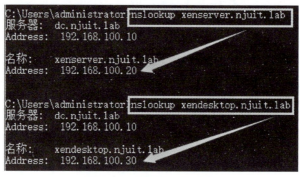

图 3-46 验证 DNS 功能

3.5.2 验证远程桌面功能

本节内容选做，可参考第 2.5.4 节。在 XenCenter 的虚拟机控制台中，以域管理员身份登录模板虚拟机 win10-tmp。右击 win10-tmp 桌面的 Windows 图标，选择"系统"→"远程设置"选项，开启远程桌面并授权指定的域用户（如学生组 net01），该过程会在 XenCenter 中自动弹出远程桌面连接，单击"取消"按钮即可。然后将当前登录 win10-tmp 的域管理员用户注销。

在个人计算机上运行 mstsc 远程桌面程序，以域用户身份登录虚拟机 win10-tmp，测试结果为域用户可以正常使用桌面。但若用户在使用桌面的过程中误将计算机关机，则无法通过微软的远程桌面将虚拟机再次开机或重启。用户只能求助于管理员，需要管理员登录 XenCenter 并手动启动 XenServer 上的用户虚拟机。若用户数量较大，会严重降低管理员的工作效率。

小 结

本项目使用思杰的 XenServer 服务器虚拟化系统部署了一个最小化的私有云实验环境，并成功发放虚拟机给用户使用。Citrix XenServer 服务器虚拟化系统通过更快的应用交付、更高的 IT 资源可用性和利用率，使数据中心变得更加灵活、高效。在提供关键工作负载（操作系统、应用和配置）所需的先进功能的同时，也不会牺牲大规模部署必需的、易于操作的特点。在生产环境中，可以利用复制模板机的方式快速创建大量虚拟机给用户使用，有效提高云平台管理员的运维效率。通过测试发现，如果用户在使用远程桌面的过程中不小心将桌面关机，在用户侧将无法开启桌面虚拟机。此时，用户需要求助于管理员，待管理员登录虚拟化平台将虚拟机开机后，用户才能继续以远程方式使用桌面。试想在整个校园私有云的日常运维过程中，云平台上运行着大量虚拟机，经常会出现用户误关机、蓝屏、死机等情况，需要用户联系管理员手动开机解决。这种低效且重复的解决方式对管理员来说将产生巨大的工作量，将在下一个项目进行改进。

习 题

一、简答题

1. 简述服务器虚拟化的作用。
2. 简述 1 型虚拟化和 2 型虚拟化的区别。
3. XenServer 安装成功后，默认自带的虚拟网络名称是什么？
4. 笔记本计算机可以通过远程桌面访问 XenServer 发放的虚拟机，该过程中，数据是如何传输的？
5. XenServer 发放的虚拟机是如何自动获得 IP 地址的？

二、操作练习题

1. 掌握 Windows 操作系统共享文件目录的操作，并将 XenServer 服务器挂载域控制器上的 Windows 共享目录作为 ISO 镜像的存储库。
2. 掌握使用 XenCenter 客户端连接 XenServer 服务器、创建虚拟机、安装操作系统、安装 Tools 工具、创建快照等基本操作。

项目 4 桌面虚拟化

学习目标

- 了解桌面虚拟化的应用场景。
- 了解桌面虚拟化的定义与特征。
- 理解思杰桌面虚拟化系统的核心组件及对应功能。
- 掌握思杰桌面虚拟化系统的部署。
- 掌握站点的基本配置。

项目结构图

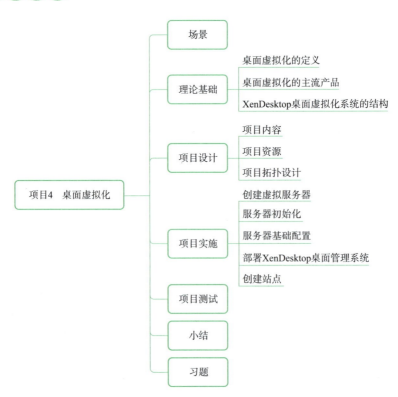

桌面虚拟化是桌面云的核心技术之一，涉及桌面管理系统、桌面协议、用户客户端等多方协同工作。本节将介绍桌面虚拟化的应用场景、概念、主流产品等，并以思杰桌面云解决方案 XenDesktop 为实验载体，讲解桌面虚拟化系统的组成，在实验环境中部署 XenDesktop 桌面虚拟化系统。

4.1 场景

随着云计算的普及，用户已经逐渐习惯使用云化的资源，并期待获得更好的使用体验。服务器虚拟化技术提高了校园数据中心的资源利用率。我们希望用户通过最简单的方式获得最好的体验，并且使管理员更轻松地管理桌面。当下流行的 BYOD（bring your own device，自带设备办公）方式，即企业允许员工将个人智能设备（计算机、手机、平板计算机等）用于工作目的，满足所有人对终端偏好的需求。例如，开发人员习惯使用 Windows 和 Linux 系统，而设计人员通常使用 Mac 系统，让员工使用自己习惯的设备办公可以有效提高工作效率。在保证企业信息安全的前提下，随时随地接入办公环境，并具备良好的桌面体验，这才是理想的桌面云。为了方便对校园桌面的管理，学校需要搭建一套桌面虚拟化平台。李某在调研了市场上的主流桌面云产品后，决定使用思杰公司的 XenDesktop 桌面虚拟化解决方案。本项目将在上一项目的基础上进行迭代，引入桌面虚拟化系统，形成完善的校园 DaaS。校园 DaaS V3.0 场景如图 4-1 所示。

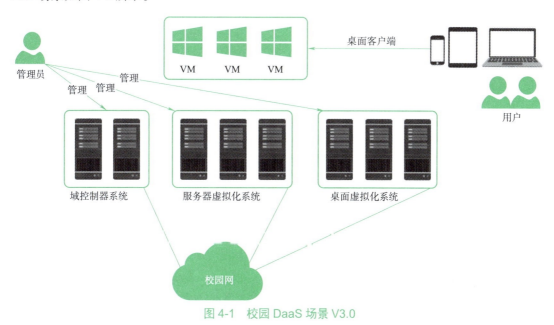

图 4-1　校园 DaaS 场景 V3.0

4.2 理论基础

4.2.1 桌面虚拟化的定义

桌面虚拟化是指将计算机的桌面进行虚拟化，为用户提供虚拟的用户桌面环境和操作系统。桌面虚拟化充分保证安全性和灵活性，可以通过任何设备，在任何地点、任何时间访问在网络上的属于用户个人的桌面系统。桌面虚拟化是一个综合型的 IT 技术，集成了服务器虚拟化、虚拟桌面、虚拟应用、远程协助等多种技术。桌面云虚拟化系统通过提供简单、一站式的交付方案，极大地降低部署难度，从而帮助用户建立简单、易运维、高性能的桌面云环境；同时帮助管理员解决传统 PC 桌面遇到的各种难题，优化可用性、可管理性、总体拥有成本，轻松实现桌面的统一关机、开机、重启，统一配置电源策略等。在企业生产环境中，桌面云虚拟化系统通常与域控制器系统、服务器虚拟化系统等协同运作，共同完成桌面的管理和运维等任务。

4.2.2　桌面虚拟化的主流产品

目前桌面虚拟化市场有较多商业解决方案，思杰公司的 XenDesktop 桌面虚拟化解决方案（目前产品名称已更名为 Citrix Virtual Apps and Desktops）应用非常广泛。本项目重点介绍 Citrix 的桌面虚拟化产品 XenDesktop，并讲解桌面虚拟化系统的基本结构，便于快速应用其他产品。桌面虚拟化技术的核心是桌面协议，各个厂家使用的桌面协议见表 4-1。Citrix XenDesktop 使用自研的 ICA/HDX 协议，传输的是图片位移量，在网络环境较差的情况下仍可以流畅使用，在功能和性能等方面优于其他厂家的协议。

表 4-1　桌面厂家对应的协议

厂　　家	协　　议
Microsoft	RDP
VMware	PCoIP
Citrix	ICA/HDX
RedHat	SPICE
华为	HDP
深信服	SRAP
锐捷	EST

4.2.3　XenDesktop 桌面虚拟化系统的结构

XenDesktop 是思杰公司的桌面虚拟化解决方案，可将 Windows 桌面和应用转变为一种按需服务，向任何地点、使用任何设备的任何用户交付。XenDesktop 支持微软的 Active Directory，便于与企业现有 IT 设施集成，简化用户管理。该方案可以安全地向个人计算机、智能设备和云终端等用户设备交付虚拟桌面和虚拟应用，并为用户提供高清体验。利用该方案，用户可以随时随地在任何设备上使用桌面服务。XenDesktop 桌面虚拟化系统的结构如图 4-2 所示，系统由若干核心组件构成。充分理解 XenDesktop 的系统结构以及内部组件的功能，对于学习其他厂商的桌面虚拟化系统会有很大的帮助，因为它们的基本结构都是类似的。下面将介绍 XenDesktop 系统的核心组件，包括控制器（Delivery Controller）、管理界面（Studio）、用户门户（StoreFront）、监控（Director）和许可证（License）等。

控制器组件，也称为桌面传送控制器（desktop delivery controller，DDC），是 XenDesktop 系统最核心的组件，其他组件均与控制器进行数据交互。在思杰桌面云项目的设备清单中，通常会看到名称包含 DDC 的服务器，即该服务器上安装了 XenDesktop 的控制器组件。控制器可以单独安装，也可以与其他组件安装在一起。控制器用于管理资源、应用程序和桌面，并优化和平衡用户连接。控制器用于对用户进行身份验证，管理用户虚拟桌面环境的程序集，以及代理用户及其虚拟桌面之间的连接，因此需要连接数据库来保存用户、桌面等对象的信息。一个完整的桌面云环境至少在一台服务器上部署控制器组件。为实现桌面云系统的可靠性和可用性，通常在多个服务器上部署控制器，可以有效预防单点故障。

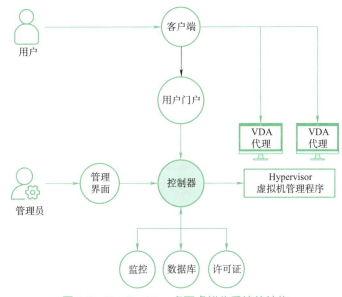

图 4-2 XenDesktop 桌面虚拟化系统的结构

管理组件，是 XenDesktop 的管理控制台，面向管理员侧。管理员通过 Studio 的控制台界面进行桌面的业务操作，例如控制器对接服务器虚拟化系统、交付桌面及应用程序等。

用户门户组件，简称应用商店，面向用户侧，提供基于 Web 的用户界面。人们使用手机时，会通过苹果系统的应用商店或安卓系统的应用市场来获取手机应用，点击应用图片即可下载安装。用户门户组件借鉴了这一思想，即用户点击即可获取桌面或应用程序。用户门户组件对用户进行身份验证，并可管理用户访问的桌面和应用程序的存储。它使用户可以自助访问企业为其提供的桌面和应用程序。用户门户组件还跟踪用户的应用程序订阅、快捷方式名称等数据，这有助于确保用户在多个设备之间具有一致的体验。

监控组件，负责监控桌面云系统的状态，是一个基于 Web 的运维工具。管理员可以使用浏览器登录监控界面，监控桌面云系统的实时状态，并对系统问题进行故障排除，以避免这些问题危及系统，同时还可以为桌面终端用户执行远程协助。本书项目 7 将详细介绍监控组件的功能与操作。

许可证组件，用于管理 Citrix 产品的许可证。商用软件通常需要用户购买产品许可证才能正常使用，如 Windows 操作系统、Office 办公软件等。思杰公司的软件产品也遵循许可证付费的商业模式，如 XenServer、XenDesktop 等产品虽然提供了短暂的免费使用期，但企业若需要长期使用，必须购买对应的产品许可证。许可证组件会与控制组件通信以管理每个用户会话的许可，也会与管理组件通信以分配许可证文件。用户可以将部署了 License 组件的服务器设为许可证服务器。在思杰桌面云环境中，必须至少创建一个许可证服务器来存储和管理许可证文件。

4.3 项目设计

4.3.1 项目内容

本项目作为校园 DaaS 项目的 V3.0 版本，在项目 3 实验环境的基础上引入 XenDesktop 桌面虚拟化系统，练习 XenDesktop 的部署及配置。项目的目的是理解 XenDesktop 的组件如何协同工作，并使用 All-in-one（一体化）方式部署 XenDesktop，即将 XenDesktop 的所有核心组件均部署在一台服务器上，具有部署简单、易于维护和管理的特点。项目内容如下：

（1）准备服务器，安装 Windows Server 2016 操作系统并加入域。
（2）服务器采用 All-in-one 方式安装 XenDesktop 的核心组件。
（3）创建站点，验证用户可以通过浏览器访问桌面云的用户门户界面。

4.3.2 项目资源

本项目所需的计算资源包括 3 台服务器，在实验过程中使用虚拟机模拟这些计算资源，计算资源配置见表 4-2。

表 4-2 计算资源配置

计算机名称	角色	配置	操作系统镜像名
dc	服务器：域控制器	2 个 CPU 内核，1 200 MB 内存，60 GB 硬盘，1 个网卡	cn_windows_server_2016_vl_x64_dvd_11636695.iso
xenserver	服务器：服务器虚拟化系统	4 个 CPU 内核（开启硬件辅助虚拟化功能），6 000 MB 内存，200 GB 硬盘，1 个网卡	XenServer-7.6.0-install-cd.iso
xendesktop	服务器：桌面虚拟化系统	2 个 CPU 内核，4 000 MB 内存，60 GB 硬盘，1 个网卡	cn_windows_server_2016_vl_x64_dvd_11636695.iso

思杰公司的软件产品需要在其官网注册账号后才能下载，并且大部分产品均提供了长期服务版本（简称 LTSR）的下载权限。在思杰官网搜索与下载软件时，建议选择带 LTSR 标签的版本，可以提供长期维护与更新服务。XenDesktop 7.15 LTSR 版本的软件可以从官网下载，也可以直接从课程的腾讯微云站点下载。

目前，XenDesktop 已更名为 Citrix Virtual Apps and Desktop，本书以 XenDesktop 7.15 LTSR 版本为例进行讲解。感兴趣的读者可以下载并部署对应的其他 LTSR 版本，各版本以及同一版本不同增量版之间会有差异，但主要功能基本一致，部署时需要参阅官方产品文档。

4.3.3 项目拓扑设计

XenDesktop 桌面虚拟化系统需要安装在 Windows Server 服务器上，因此本节实验需要添加 1 台服务器，先安装 Windows Server 2016 操作系统，再安装 XenDesktop 的核心组件。在企业桌面云项目中，安装 XenDesktop 核心组件的服务器通常以虚拟机形态存在。使用 VMware Workstation 软件模拟图 4-1 所示的场景，设计实验环境拓扑如图 4-3 所示。

项目 4 | 桌面虚拟化

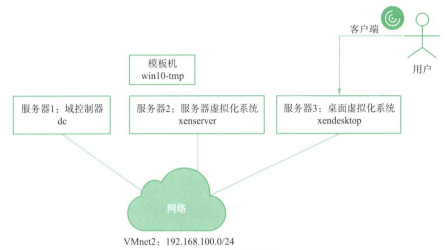

图 4-3 实验环境拓扑

本项目继续使用虚拟网络 VMnet2 模拟校园网，添加第 3 台服务器用于部署桌面虚拟化系统，管理员可以通过桌面虚拟化系统对桌面进行业务操作和运维管理。本项目的 IP 地址规划见表 4-3。其中，虚拟机 dc 为域控制器，其 IP 地址为 192.168.100.10；虚拟机 xenserver 为服务器虚拟化系统，其 IP 地址为 192.168.100.20；虚拟机 xendesktop 为桌面虚拟化系统，其 IP 地址为 192.168.100.30；模板机 win10-tmp 运行在 xenserver 上。

表 4-3 项目 IP 地址规划

计算机名称	操作系统	域名	IP 地址
dc	Windows Server 2016 数据中心版	dc.njuit.lab	192.168.100.10
xenserver	XenServer 7.6	xenserver.njuit.lab	192.168.100.20
xendesktop	Windows Server 2016 数据中心版	xendesktop.njuit.lab	192.168.100.30
win10-tmp	Windows 10 企业版	win10-tmp.njuit.lab	DHCP

4.4 项目实施

4.4.1 创建虚拟服务器

本节需要创建一台虚拟机，安装 Windows Server 2016 操作系统，并作为桌面虚拟化系统服务器。思杰 XenDesktop 的大部分核心组件必须安装在 Windows Server 操作系统上。具体步骤如下：

（1）运行 VMware Workstation 软件，新建 1 台虚拟机。类型选择"典型"，客户机操作系统选择 Microsoft Windows，版本选择 Windows Server 2016，虚拟机名称自定义，如 xendesktop。磁盘大小默认设置为 60 GB，并选择"将虚拟磁盘存储为单个文件"选项。

（2）单击"自定义硬件"按钮，需要对处理器、内存、光驱等选项进行配置。选择"内存"设备，内存设置为 4 000 MB（此值为满足实验的最小值，读者可根据实际硬件情况设置）。

（3）选择 CD/DVD 设备，单击"使用 ISO 镜像文件"后，单击"浏览"按钮选择已下载的 Windows Server 2016 的 ISO 镜像文件。

（4）选择"网络适配器"，网络连接类型设置为"自定义"，并选择自己创建的"VMnet2（仅主机模式）"虚拟网络，单击"关闭"按钮完成硬件配置。虚拟服务器 xendesktop 的硬件配置如图 4-4 所示。

图 4-4　虚拟服务器 xendesktop 的硬件配置

（5）单击"完成"按钮，一台名为 xendesktop 的虚拟服务器完成创建。

4.4.2　服务器初始化

1. 安装 Windows Server 2016 操作系统

选中虚拟机 xendesktop 并启动，开始安装操作系统。将鼠标移至虚拟机窗口单击并按任意键进入 Windows 操作系统引导界面，根据提示进行安装（若未能进入 Windows 引导界面，可重启虚拟机再次尝试）。安装 Windows Server 操作系统的具体步骤与第 2.4.2 节一致，本节不再复述。设置管理员用户 Administrator 的密码为 1qaz!QAZ。

2. 安装 Tools 工具

Tools 工具包含计算机驱动和性能优化工具。安装 Tools 工具的过程与第 2.4.2 节一致，本节不再复述。

4.4.3　服务器基础配置

1. 配置 IP 地址

通常，服务器的 IP 地址需要固定。参照项目 IP 地址规划表 4-3，服务器 xendesktop 的地址应设置为 192.168.100.30，子网掩码为 255.255.255.0，默认网关为 192.168.100.1。配置 DNS 时，DNS 服务器填域控制器的 IP 地址 192.168.100.10。网卡 Ethernet0 的 IP 地址和 DNS 服务器地址如图 4-5 所示。

2. 加域

服务器 xendesktop 需要加域后才能安装思杰 XenDesktop 的核心组件，并且根据第 2.4 节 DNS 的规划修改该服务器的计算机名。具体步骤如下：

（1）在本地服务器界面，单击计算机名，进入"系统属性"窗口，单击"更改"按钮。将计算机重命名为 xendesktop 后，隶属于域 njuit.lab，单击"确定"按钮，如图 4-6 所示。输入域管理员用户名和密码，根据系统提示选择立即重新启动，名称在服务器重启后生效。

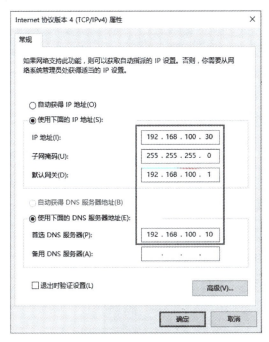

图 4-5 配置 IP 地址

图 4-6 更改计算机名并加域

若加域成功后弹出如下错误提示框（见图 4-7），可以直接忽略该提示，这是微软操作系统的已知问题，不会影响实验。

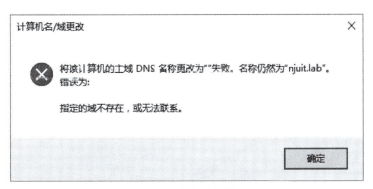

图 4-7 系统报错提示

（2）加域后根据提示重启服务器 xendesktop，登录界面不要选择默认的 Administrator 用户，而是选择"其他用户"，输入域管理员账号 njuit\administrator 登录。

注意：服务器 xendesktop 加域后，安装思杰桌面组件的操作均由域管理员 njuit\administrator

进行操作,而不是本地管理员 administrator。

4.4.4 部署 XenDesktop 桌面管理系统

本项目使用 All-in-one 最小化安装方式,即将 XenDesktop 的所有核心组件均安装在同一台服务器上,这种方式适合初学者,且对硬件资源要求最低。生产环境通常采用组件分离安装方式,即将桌面系统的组件分开安装在不同服务器上,提高可靠性和性能,但对读者的项目经验要求较高。本书希望读者首先理解 All-in-one 的部署方式,在具备一定的项目经验和充足的硬件资源后,学会参考思杰的官方文档进行生产环境的部署。

(1)在 Workstation 的虚拟机列表中选中虚拟服务器 xendesktop,右击"设置"进入虚拟机设置界面,选择 CD/DVD 驱动器,单击"浏览"按钮,选择 XenDesktop 7.15 软件的 ISO 映像文件 XenApp_and_XenDesktop_7_15.iso 挂载给虚拟服务器。

(2)进入服务器 xendesktop 的桌面,打开文件资源管理器,双击 DVD 驱动器启动 XenDesktop 安装程序(也可双击光盘中的 AutoSelect 应用程序)。

(3)选择要安装的产品。对于第一种 XenApp 方式,用户最终能使用的是应用程序,而不是桌面;而第二种 XenDesktop 方式,用户既可以使用应用程序,也可以使用桌面,大部分思杰桌面云项目均选择第二种方式。所以,此处选择 XenDesktop 方式并单击"启动"按钮,如图 4-8 所示。

图 4-8 选择 XenDesktop 产品

(4)选择要安装的组件。单击"开始"按钮,该入口可以选择安装 Delivery Controller 及其他组件,默认为 All-in-one 方式,即将所有组件都安装在一台服务器上,如图 4-9 所示。

(5)在"软件许可协议"对话框,阅读并接受许可协议后,单击"下一步"按钮。

(6)在"核心组件"对话框,选择要安装的组件及安装位置,默认情况下,所有核心组件对应的复选框都处于选中状态,如图 4-10 所示。在一台服务器上安装所有核心组件适用于概念验证、测试或小型生产部署。对于大型生产环境,Citrix 建议在单独的服务器上安装 Director、StoreFront 和许可证服务器等组件。若使用 7.15 LTSR CU5 之后的版本,需要再添加一台服务器单独安装 StoreFront 组件。

图 4-9 安装 Delivery Controller 及其他组件

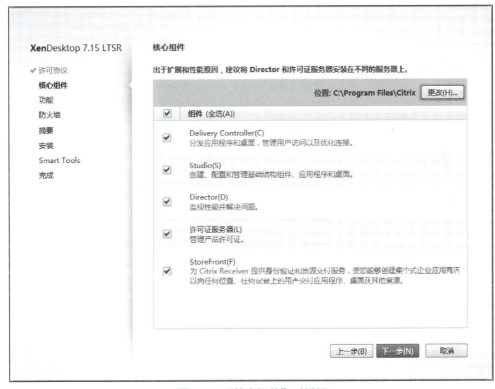

图 4-10 "核心组件"对话框

（7）在"功能"对话框，默认全部选中，单击"下一步"按钮，如图 4-11 所示。

（8）在"防火墙"对话框，默认自动打开 Windows 防火墙端口。单击"下一步"按钮，如图 4-12 所示。

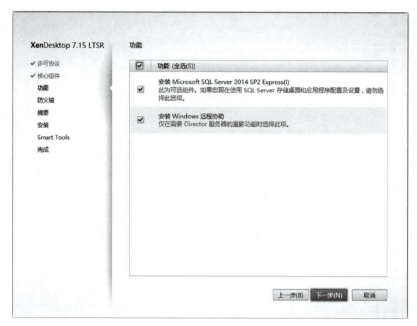

图 4-11 "功能"对话框

图 4-12 "防火墙"对话框

（9）在"摘要"对话框，查看必备条件并确认安装，如图 4-13 所示。

（10）安装过程会经历一次重启，根据提示重启即可，再次以域管理员身份登录后无须任何操作，XenDesktop 安装程序会自动继续运行，整个安装过程用时约 15 min。

（11）Smart Tools 对话框，此处不需要使用该功能，选择"我不想连接到 Smart Tools 或 Call Home"，并单击"下一步"按钮。

（12）"完成安装"对话框包含带绿色复选标记的所有已成功安装和初始化的必备项和组

件,如图4-14所示。单击"完成"按钮后会添加管理单元,并自动启动XenDesktop的管理控制台,即Studio管理组件。Studio管理界面需要等待数分钟完成加载,管理员对桌面的配置和管理都在Studio管理界面中完成。

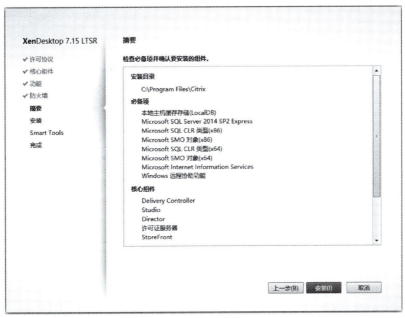

图4-13 "摘要"对话框

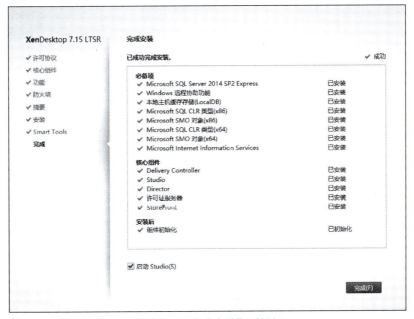

图4-14 "完成安装"对话框

4.4.5 创建站点

大型企业的桌面云系统通常覆盖全球范围,为了优化资源调度、提高业务响应速度,可以将整体系统划分为多个局部区域,企业的分公司在使用桌面资源时优先连接最近的区域。

XenDesktop 解决方案将使用资源的区域称为站点，如某个国家或某个城市。站点负责对接虚拟化系统、管理计算机目录和交付组等核心资源。在创建计算机目录和交付组之前需要先创建站点。

（1）XenDesktop 的 Citrix Studio 组件是桌面管理员的操作界面，在欢迎页站点设置框单击"向用户交付应用程序和桌面"，进入站点设置向导，如图 4-15 所示。

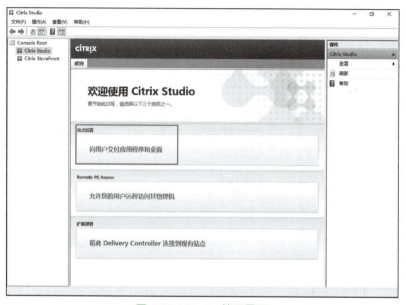

图 4-15　Studio 管理界面

（2）站点类型默认选中第一项，即"完整配置的、可随时在生产环境中使用的站点"。站点名称自定义，站点通常指桌面服务所在地区，例如本例填写 nj，如图 4-16 所示。

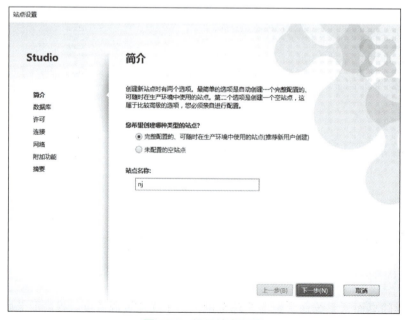

图 4-16　设置站点名称

（3）实验环境选择最小化安装方式，数据库使用默认的 SQL Server Express 即可，如图 4-17 所示。生产环境对数据库性能要求较高，需要独立部署微软的 SQL Server 数据库进行连接。

图 4-17 "数据库"对话框

（4）XenDesktop 的默认许可证可以支持 30 天免费试用，如图 4-18 所示。若正式部署思杰桌面云项目，需要购买思杰的产品许可证。

图 4-18 "许可"对话框

（5）对接服务器虚拟化系统。XenDesktop 可以对接 Citrix、VMware、微软等公司的多种服务器虚拟化系统，本例对接项目 3 已部署的 Citrix XenServer 虚拟化系统。连接地址格式为 http:// 服务器 xenserver 的域名，并在域控制器 dc 上检查是否正确配置了服务器 xenserver

的 DNS 记录，此处填写 http://xenserver.njuit.lab。用户名为服务器 xenserver 的 root 用户，密码为 root 用户的密码。连接名称是为了标识对接的虚拟化主机，例如本例命名为 xenserver，如图 4-19 所示。

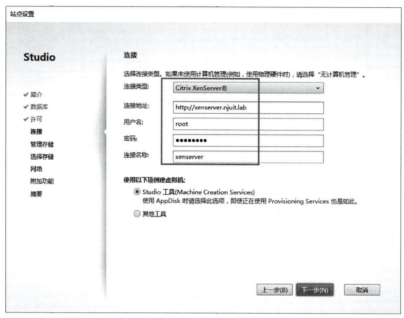

图 4-19　对接虚拟化系统

（6）存储选择"使用虚拟机管理程序的本地存储"，即 XenServer 服务器的本地硬盘，如图 4-20 所示。如果 XenServer 服务器连接了 SAN 或 NAS 等共享存储，则可以选中"使用虚拟机管理程序共享的存储"。

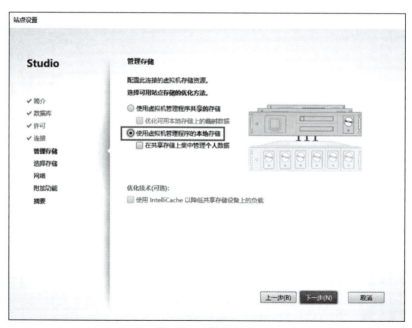

图 4-20　管理存储

（7）默认使用 XenServer 服务器的本地磁盘作为桌面虚拟机的存储位置，如图 4-21 所示。

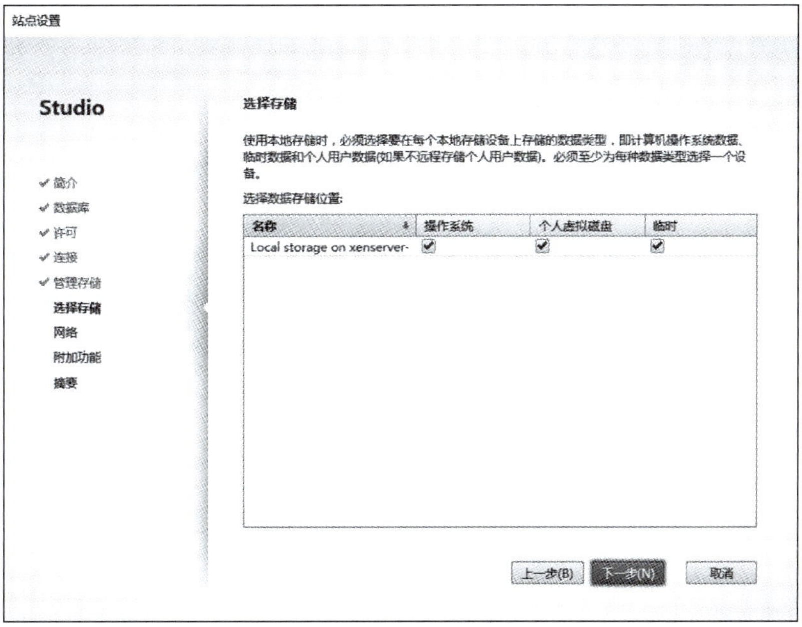

图 4-21 "选择存储"对话框

（8）因为对接了 XenServer 虚拟化系统，所以后续发放的桌面虚拟机使用的网络来源于服务器 xenserver 的虚拟网络 Network 0。在实际项目中，服务器上可能存在多个虚拟网络，此处根据实际需求选择虚拟网络，如图 4-22 所示。我们将 XenServer 的资源名称命名为 xenserver-net，因为 XenDesktop 还可以与其他虚拟化系统对接，如 vSphere 或 Hyper-V 等。不同的虚拟化系统所使用的虚拟网络也不同，所以需要通过命名来区分不同虚拟化系统的资源。

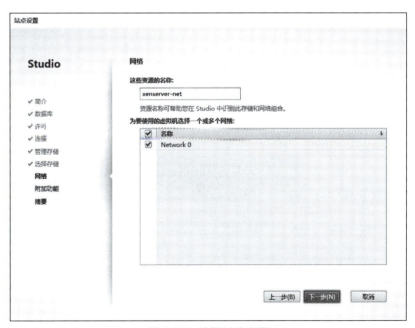

图 4-22 选择网络资源

（9）"附加功能"对话框无须选择，单击"下一步"按钮。最后单击"完成"按钮，开始执行站点设置，如图 4-23 所示。站点设置过程需要等待约 5 min，配置结束后会显示"配置成功"，并显示站点的配置项。若出现"关闭管理单元"提示，单击"取消"按钮忽略即可。

图 4-23　"摘要"对话框

4.5　项目测试

创建站点后，在 Studio 管理界面中查看"配置"选项，可以看到站点的默认 StoreFront 地址，如图 4-24 所示。该地址即桌面云用户登录界面的地址，在域内任何计算机上均可访问。由于实验的个人计算机未配置服务器 xendesktop 的域名解析，需要手动在个人计算机的 C:\Windows\System32\drivers\etc 目录下修改 hosts 文件后才能实现以域名方式访问用户登录界面。若不进行修改 hosts 文件的复杂操作，可以使用 IP 地址的方式访问用户登录界面，即 http://192.168.100.30/Citrix/StoreWeb。

图 4-24　查看 StoreFront 地址

用个人计算机打开浏览器,输入用户访问地址(该地址由 StoreFront 组件提供,为客户端 Receiver 提供身份验证和资源交付服务),如 http://192.168.100.30/Citrix/StoreWeb。若出现如图 4-25 所示界面,则表示 XenDesktop 的核心组件安装成功。

图 4-25　用户登录界面

在页面显示"检测 Receiver"的原因是当前还未安装 Citrix Receiver 客户端软件,用户通过浏览器和 Receiver 客户端使用思杰的桌面,Receiver 可以给用户带来更好的使用体验。本书下载 CitrixReceiverWeb.exe 程序并安装即可,安装后刷新页面,确认已安装 Receiver,就可以使用域账号登录。例如,使用教师 t1 的账号 njuit\t1 可以成功登录,如图 4-26 所示。由于目前还未发放桌面,所以用户界面中提示当前没有可用的应用程序或桌面。

图 4-26　使用域账号登录

小　结

本项目主要介绍了 XenDesktop 桌面虚拟化系统包含的核心组件,并使用 All-in-one 最小化方式部署 XenDesktop 系统,将其与 XenServer 虚拟化系统对接,并使用域账号测试登录用户界面。至此，一个最小化的桌面云环境已成功搭建，下一项目将介绍如何使用桌面云，并体验桌面云的优势。

习 题

一、简答题

1. 简述桌面虚拟化的概念。
2. 简述思杰桌面虚拟化系统 XenDesktop 的核心组件及作用。
3. XenDesktop 桌面虚拟化系统能够对接哪些服务器虚拟化产品？

二、操作练习题

1. 在服务器 xendesktop 上使用 All-in-one 方式安装 XenDesktop 的所有核心组件。
2. 练习创建站点的基本操作，使用浏览器访问用户登录界面并使用域用户登录。

项目 5

桌面云业务

学习目标

- 了解桌面云的业务场景。
- 掌握桌面模板的制作方法。
- 理解不同类型桌面的区别。
- 掌握发放及回收桌面的业务操作。
- 掌握批量更新桌面的业务操作。

项目结构图

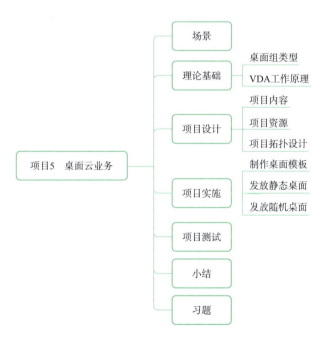

桌面云业务需要结合具体业务场景进行桌面发放。本项目以校园桌面云业务场景为例，为教师用户提供静态桌面，为学生用户提供随机桌面，并实现学生桌面的批量更新。

5.1 场景

管理员李某在校园网完成了 XenDesktop 桌面虚拟化系统的部署后，开始为计算机学院的师生提供云桌面。我们可以从多个维度分析桌面云用户的需求，例如用户数量、用户数据是否需要持久化、用户使用偏好、经济成本等，可以将桌面类型分为两类：专用型与公用型。用户桌面类型如图 5-1 所示。

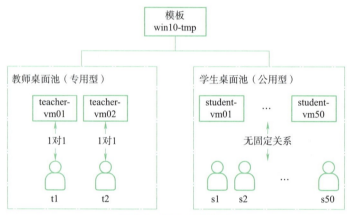

图 5-1 用户桌面类型

专用型桌面的特点是需要对用户数据进行持久化，对存储资源的空间及性能要求较高。对于教师用户，教师数量远低于学生数量，教师的教学和科研任务较多，需要使用大量软件并保存个人数据，因此专用型桌面更适用于教师用户。每次注销或重启桌面后，用户已保存的数据仍存在。

公用型桌面的特点是不保存用户数据，用完立即回收，从而快速释放资源。对于学生用户，学生人数众多，若为每个学生提供独立完整的硬盘存储会产生高昂的硬件开销，不符合学校的实际情况。在教学过程中，一堂课结束后云教室里的桌面又会提供给下一堂课的学生使用，需要快速还原大量桌面虚拟机，因此公用型桌面适用于学生用户。学生在下课时注销个人桌面，个人数据不保存，桌面自动还原为初始状态。

5.2 理论基础

5.2.1 桌面组类型

桌面组用于统一定义一组桌面虚拟机的 CPU、内存、网络、硬盘等规格。在定义好桌面组后，需要绑定用户，为用户分配桌面主机。桌面组类型包括静态桌面和随机桌面。

（1）静态桌面：即保存状态的桌面，用户和后台虚拟机一对一绑定，且用户对虚拟桌面的修改会保存在虚拟机中。每台虚拟机会与首次登录的用户绑定，绑定关系确定后，其他用户任何时候都无法使用，用户每次登录都会登录到同一台虚拟机。对于静态桌面，用户使用固定的桌面计算机，桌面关机或重启后，用户数据仍保留。

（2）随机桌面：即无状态的桌面，用户和后台虚拟机无固定的绑定关系，且用户对虚拟桌面的修改不会保存在虚拟机中。每台虚拟机保持只读状态，用户对虚拟桌面的任何修改会在桌面计算机注销后消失。用户可以共用桌面池中的所有虚拟桌面，直到池中虚拟机分完为止。对于随机桌面，用户随机使用桌面池中的桌面计算机，关机再重启后系统盘和数据盘均还原，不保留任何数据。

在用户使用桌面的过程中，会遇到批量更新操作系统、安装软件等工作任务，需要将工作组设置为维护模式，并批量关闭用户桌面。当对桌面组进行配置修改（CPU、内存、网络、磁盘、策略），镜像更新时，需要先切换到维护模式。在维护模式下，已经连接的桌面不受影响，但是无法建立新的连接。对桌面组完成配置修改后，需要关闭维护模式，所有桌面开机即可完成配置更新。

5.2.2 VDA 工作原理

VDA（virtual delivery agent，虚拟传输代理）是 XenDesktop 的组件之一，用于发放 Windows 桌面和 Linux 桌面。VDA 代理软件和普通应用软件一样，可以安装在 Windows 操作系统和 Linux 操作系统上。在实际工作环境中，多数用户使用的是 Windows 桌面，因此在桌面虚拟化领域，Windows 桌面的应用场景更多。适用于 Windows 操作系统的 VDA 有两种类型：适用于 Windows 服务器操作系统（多会话操作系统）的 VDA 和适用于 Windows 桌面版操作系统（单会话操作系统）的 VDA。

VDA 必须先和站点中的控制器建立连接，向控制器注册计算机信息，然后该计算机桌面才可以用于发布。VDA 软件可以安装在虚拟机上，将虚拟机的桌面发布给用户；也可以安装在物理计算机上，将物理计算机的桌面发布给用户。用户客户端（Receiver）与桌面计算机上的 VDA 之间使用 ICA 协议进行通信，实现桌面功能。用户无法直接访问控制器，由 VDA 充当用户和控制器之间的媒介。VDA 工作原理如图 5-2 所示。

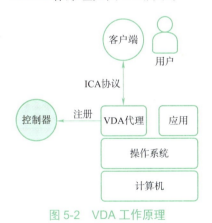

图 5-2 VDA 工作原理

5.3 项目设计

5.3.1 项目内容

本项目聚焦桌面云业务，根据用户类型发放对应的桌面。项目的目的是掌握制作桌面模板的方法，理解不同类型桌面的功能，通过业务场景体会桌面虚拟化系统给桌面运维提供的便利。项目内容如下：

（1）制作桌面模板，为模板虚拟机安装 VDA 代理。
（2）为教师用户发放静态桌面并进行功能测试。
（3）为学生用户发放随机桌面并进行功能测试。
（4）更新模板机的软件，批量更新学生桌面。

5.3.2 项目资源

本项目所需的计算资源包括 3 台服务器，在实验过程中使用虚拟机模拟这些计算资源，计算资源配置见表 5-1。

表 5-1　计算资源配置

计算机名称	角色	配置	操作系统镜像名
dc	服务器：域控制器	2 个 CPU 内核，1 200 MB 内存，60 GB 硬盘，1 个网卡	cn_windows_server_2016_vl_x64_dvd_11636695.iso
xenserver	服务器：服务器虚拟化系统	4 个 CPU 内核（开启硬件辅助虚拟化功能），6 000 MB 内存，200 GB 硬盘，1 个网卡	XenServer-7.6.0-install-cd.iso
xendesktop	服务器：桌面虚拟化系统	2 个 CPU 内核，4 000 MB 内存，60 GB 硬盘，1 个网卡	cn_windows_server_2016_vl_x64_dvd_11636695.iso

5.3.3 项目拓扑设计

桌面虚拟化系统与服务器虚拟化系统对接后，所有桌面虚拟机均运行在服务器虚拟化系统上，实验环境拓扑如图 5-3 所示。

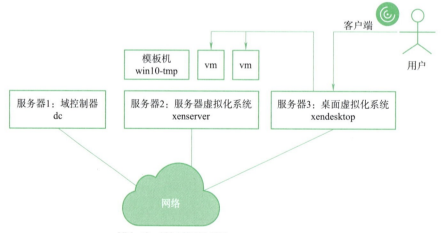

图 5-3　实验环境拓扑

本项目继续复用项目 4 的环境，使用 XenDesktop 桌面虚拟化系统进行桌面业务的发放。模板机 win10-tmp 上安装 VDA 后，便成为可用于批量发放桌面的模板。根据业务需求，分别为教师用户及学生用户发放桌面。本项目的 IP 地址规划见表 5-2。其中，教师和学生的桌面虚拟机均使用 DHCP 方式自动获取 IP 地址。

表 5-2 项目 IP 地址规划

计算机名称	操作系统	域名	IP 地址
dc	Windows Server 2016 数据中心版	dc.njuit.lab	192.168.100.10
xenserver	XenServer 7.6	xenserver.njuit.lab	192.168.100.20
xendesktop	Windows Server 2016 数据中心版	xendesktop.njuit.lab	192.168.100.30
win10-tmp 桌面模板机	Windows 10 企业版	win10-tmp.njuit.lab	DHCP
teacher-vm## 教师桌面虚拟机	Windows 10 企业版	teacher-vm##.njuit.lab	DHCP
student-vm## 学生桌面虚拟机	Windows 10 企业版	student-vm##.njuit.lab	DHCP

5.4 项目实施

5.4.1 制作桌面模板

1. 安装 VDA 代理

思杰桌面云的模板虚拟机需要加入域才能安装 VDA 代理，VDA 代理使用户能够连接到桌面和应用程序。下面开始制作桌面模板，具体步骤如下：

（1）登录 XenCenter 客户端，将模板虚拟机 win10-tmp 的状态还原到快照 s1 的状态，且不需要生成虚拟机当前状态的快照，如图 5-4 所示。

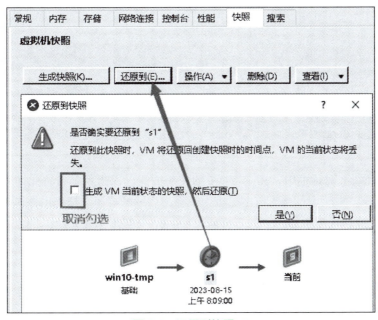

图 5-4 还原到快照 s1

（2）将还原后的模板虚拟机 win10-tmp 开机运行，必须使用域管理员 njuit\administrator 登录模板机。在 win10-tmp 上安装 XenDesktop 的 VDA 组件，该组件位于 XenDesktop 的 iso 文件中。在控制台为该虚拟机挂载 XenDesktop 的 iso 文件并启动向导。单击虚拟机控制台的 DVD 驱动器的下拉列表，选择 ISO 库中的 XenDesktop 7.15 的 iso 文件，如图 5-5 所示。

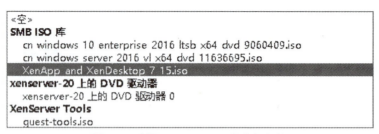

图 5-5 选择 XenDesktop 安装包文件

进入文件资源管理器，打开 CD 驱动器运行 XenDesktop 安装程序（或进入文件夹双击 AutoSelect 安装程序）。选择要安装的产品 XenDesktop。

（3）选择 Virtual Delivery Agent for Windows Desktop OS 选项，安装程序会自动检测当前操作系统是桌面操作系统还是服务器操作系统，并提供恰当的 VDA 类型。适用于 Windows 桌面操作系统的 VDA 类型是 VDA for Desktop OS，适用于 Windows 服务器操作系统的 VDA 类型是 VDA for Server OS。此处因为模板机是 Windows 10 操作系统，所以 VDA for Desktop OS 选项高亮，如图 5-6 所示。若在 Windows Server 2016 计算机上运行 VDA 安装程序时，会显示 VDA for Windows Server OS。

图 5-6 安装 VDA

（4）在"环境"对话框中，指定 VDA 的使用方式，以指示是否将此计算机用作映像来预配更多计算机。"主映像"指当前虚拟机为模板，后续的桌面虚拟机由该模板虚拟机复制而来。Remote PC Access 指为物理 PC 或非 XenDesktop 对接虚拟化系统上的虚拟机安装 VDA，从而将其纳入 XenDesktop 的桌面管理范围。此处希望在 XenServer 上通过复制模板机的方式来创建桌面虚拟机，所以应选择"创建主映像"，如图 5-7 所示。

（5）在 HDX 3D Pro 对话框，可以为配备 GPU 的桌面计算机提供高清用户体验。此处使用默认配置"否，在标准模式下安装 VDA"，如图 5-8 所示。HDX 为大多数用户提供卓越的图形和视频体验，无须执行任何配置。通常大部分桌面未配备 GPU，所以使用默认值即可。在 HDX 3D Pro 模式下为桌面计算机安装 VDA，可以优化图形密集型程序和富媒体应用程序的性能。如果桌面计算机需要 GPU 进行 3D 渲染，建议选择在 HDX 3D Pro 模式下安装 VDA 代理。

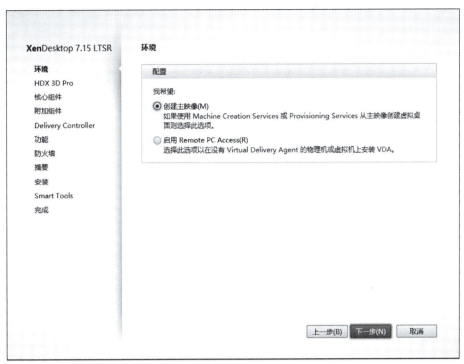

图 5-7 创建主映像

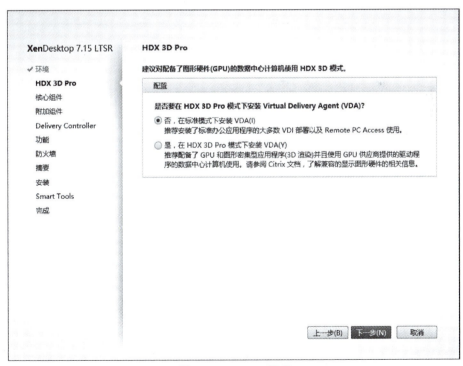

图 5-8 HDX 3D 模式

（6）选择要安装的组件及安装位置，模板虚拟机上不需要安装 Receiver 客户端，因此取消选中 Citrix Receiver 复选框，如图 5-9 所示。

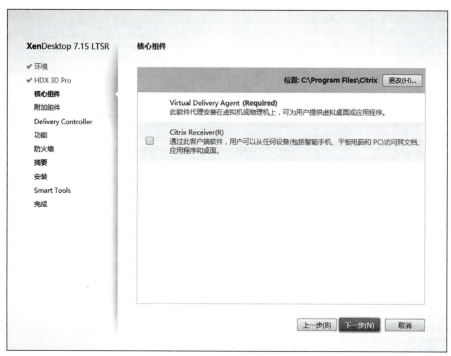

图 5-9 "核心组件"对话框

(7)在"附加组件"对话框,默认全选即可,如图 5-10 所示。

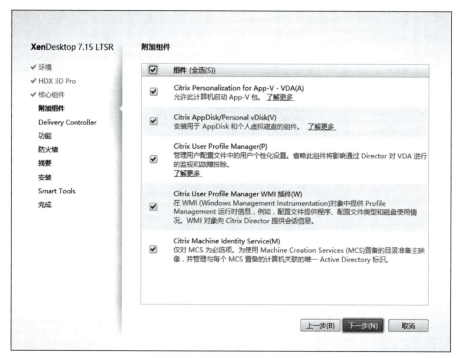

图 5-10 "附加组件"对话框

(8)在 Delivery Controller 对话框,填写控制器地址。VDA 必须知道控制器信息后才能向控制器注册。如果 VDA 无法注册,用户将无法访问该 VDA 上的桌面和应用程序。因为控制器组件安装在服务器 xendesktop 上，所以此处填写服务器 xendesktop 的地址信息。控制器地址必须填写域名，而不能填写 IP 地址。单击"测试连接"，若出现绿色的勾号则说明模板机与服务器 xendesktop 上的控制器组件可以正常通信，单击"添加"按钮将控制器地址写入模板机中，如图 5-11 所示。

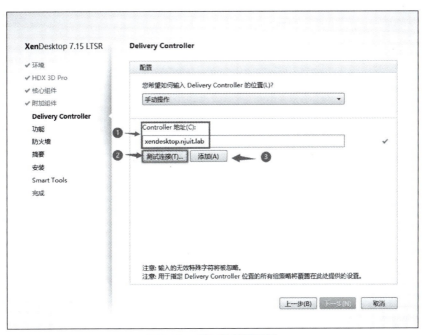

图 5-11　添加控制器地址

（9）在"功能"对话框，使用默认设置即可（也可以全选所有功能），如图 5-12 所示。

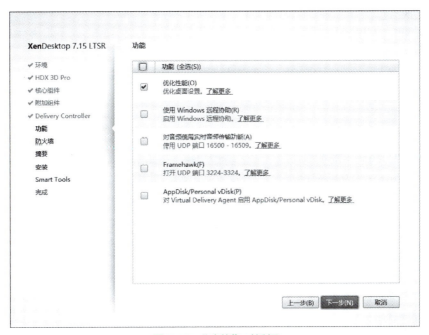

图 5-12　"功能"对话框

（10）在"防火墙"对话框，默认自动配置防火墙端口，自动在 Windows 防火墙中创建规则。单击"下一步"按钮，如图 5-13 所示。

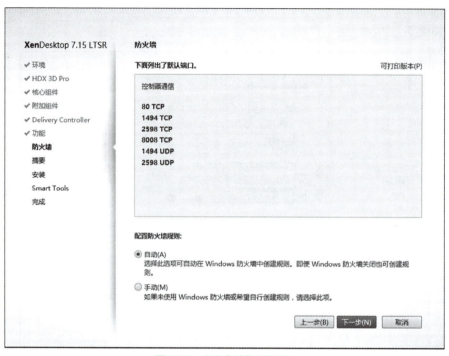

图 5-13 "防火墙"对话框

（11）"摘要"对话框列出了即将安装的内容，查看必备条件并单击"安装"按钮。VDA 安装过程用时约 10 min，若提示重启，根据提示重启后继续以域管理员身份登录（不要使用本地用户登录），安装程序会继续自动运行，无须人为干预。

（12）在 Smart Tools 对话框，由于当前为测试环境，所以选择"我不想参与 Call Home"选项。

（13）"完成"对话框会显示所有已成功安装和初始化的必备项和组件。单击"完成"按钮，模板机将自动重启，因为 VDA 代理软件必须在计算机重启后才能正常工作。

2. 创建快照

模板虚拟机 win10-tmp 安装完 VDA 代理并重启后，无须登录。模板虚拟机主要用于复制，不需要开机运行，因此手动关闭该虚拟机。待虚拟机 win10-tmp 完全关闭后，对其做第二次快照 s2，该快照将作为发放桌面的模板，同时便于以后出现问题时可以快速恢复。选择已关机的虚拟机 win10-tmp，右击"生成快照"选项，打开"生成快照"对话框（见图 5-14），填写快照名称并对该次快照进行描述说明。最后单击"生成快照"按钮创建快照。

模板虚拟机 win10-tmp 做完快照后，在虚拟机的"快照"选项中可以查看该虚拟机的快照链，包含快照 s1 和 s2，如图 5-15 所示。

5.4.2 发放静态桌面

1. 创建计算机目录

计算机目录指桌面计算机的集合，类似于一个计算机资源池，需要计算机时就从这个资源池里获取。例如，管理员在管理桌面时可以将一个班级的所有计算机放到一个文件目录中，当用户登录使用桌面时，就从目录中自动分配计算机给用户。采用计算机目录管理方式的优点是提升用户体验。例如，平时使用物理计算机的过程中会偶发出现蓝屏、死机等现象，这种情况在桌面云环境中同样不可避免，但桌面云的处理方式能带来更好的用户体验。因为用户侧一旦出现计算机故障，桌面系统会自动从计算机目录中选择正常的桌面虚拟机继续提供给用户使用，用户对故障是无感知的。发布桌面资源需要创建计算机目录，明确服务器虚拟化资源池中的哪些计算机可用于发布桌面，具体步骤如下：

图 5-14　创建快照 s2

图 5-15　模板机的快照链

（1）以域管理员身份登录服务器 xendesktop，进入 Studio 管理界面，右击"计算机目录"，选择"创建计算机目录"命令，如图 5-16 所示。

（2）"简介"对话框，对计算机目录的定义进行了说明。计算机目录是指分配给用户的物理机或虚拟机的集合，即发布的桌面来源可以是物理机，也可以是虚拟机。桌面云的应用场景中，通常使用虚拟化资源池中的主映像（模板机），通过复制的方式创建桌面计算机。

图 5-16　创建计算机目录

（3）在"操作系统"对话框，选择"桌面操作系统"，这种方式是最常见的桌面，即将 Windows 桌面版虚拟机作为桌面提供，如图 5-17 所示。如果即将用作桌面的虚拟机是 Windows 或 Linux 服务器版的操作系统，则选择"服务器操作系统"。

（4）"计算机管理"对话框使用默认配置。由于 XenDesktop 桌面虚拟化系统对接了 XenServer 服务器虚拟化系统，所以桌面虚拟机均由 XenServer 服务器虚拟化系统进行电源管理，不需要人工在 XenCenter 客户端对桌面虚拟机进行上下电操作。MCS 方式是指基于服务器虚拟化平台创建虚拟机；而 PVS 方式则采用流技术通过网络将单一标准桌面镜像，包括操作系统和软件按需交付给物理或虚拟桌面，类似于无盘工作站。此处，选择 MCS 方式，如图 5-18 所示。

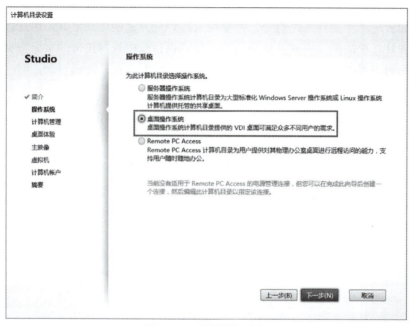

图 5-17　选择操作系统

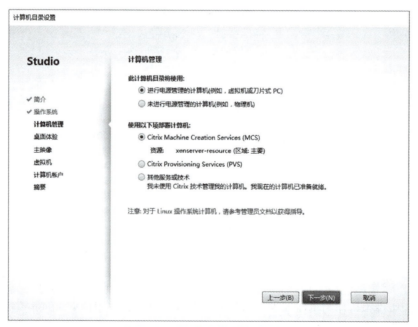

图 5-18　"计算机管理"对话框

（5）在"桌面体验"对话框（本节需求是为教师用户提供专属桌面并保存用户数据）中创建方式选择静态桌面，即用户使用固定的计算机，并将用户数据保存在该计算机的本地磁盘上，如图 5-19 所示。用户的关机或注销等操作不会影响已保存的用户数据。

图 5-19 "桌面体验"对话框

（6）在"主映像"对话框，选择快照 s2，如图 5-20 所示。在 5.4.1 节制作该快照时模板机 win10-tmp 已完成 VDA 代理的安装。

图 5-20 "主映像"对话框

（7）在"虚拟机"对话框，对即将发放的虚拟机进行配置。先创建 1 台虚拟机，以后可以根据需要再动态增加，内存使用默认配置即可。虚拟机的复制方式通常有 2 种：快速克隆和完整复制。快速克隆具有较快的创建速度并节省存储资源；而完整复制创建速度慢，但在使用时可以提供较好的性能。2 种方式在实际生产环境中根据用户需求进行选择，本节使用快速克隆方式，如图 5-21 所示。

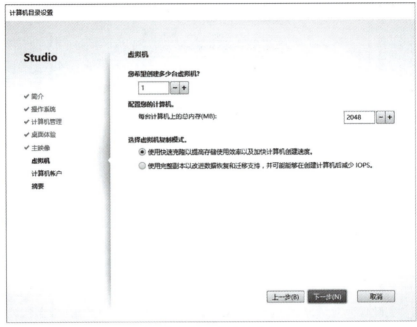

图 5-21 "虚拟机"对话框

（8）在"Active Directory 计算机账户"对话框，指定桌面虚拟机在 AD 域中存放的路径。选择域 njuit.lab 下的组织单位 school-cs，指明虚拟机是计算机学院的，并将虚拟机在域中的账户命名方案设置为 teacher-vm##，通配符"##"表示数字从 01 到 99 递增表示，如图 5-22 所示。

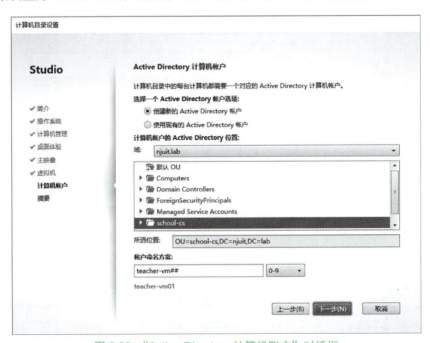

图 5-22 "Active Directory 计算机账户"对话框

（9）在"摘要"对话框，将计算机目录名称设置为teacher-vm，表示所有教师的虚拟机均位于该计算机目录下，便于分类和查找，如图5-23所示。

图5-23 "摘要"对话框

（10）桌面管理组件Studio将创建虚拟机的命令发送给服务器xenserver，通过复制主映像（模板机）来创建用户的桌面虚拟机，等待服务器xenserver上的虚拟机完成创建，该过程用时约5 min。创建完成后可以看到计算机目录列表中有1台计算机，但还未分配给桌面用户，如图5-24所示。用户可以同时登录XenCenter中查看新生成虚拟机的状态，在实际项目中，通常建议在Studio管理侧进行业务操作，而XenCenter客户端主要用于观察桌面虚拟机的运行状态。

图5-24 查看计算机目录列表

2．创建交付组

在配置部署过程中，应首先创建站点和计算机目录，然后再创建交付组。交付组是从一个或多个计算机目录中选择的计算机的集合。交付组指定哪些用户可以使用这些计算机，以及可供这些用户使用的应用程序或桌面。计算机目录中的虚拟机创建完成后，并未与任何用户关联。需要设置交付组以将桌面和应用程序分配给用户。本节将计算机目录中的虚拟机与域用户关联，即将虚拟机交付给用户，用户通过浏览器客户端即可访问虚拟机的桌面。创建交付组的过程如下：

（1）进入Studio管理界面，右击"交付组"，选择"创建交付组"命令，打开"创建交付组"对话框。

（2）在"简介"对话框对交付组的定义进行了说明。实际能够交付的桌面计算机数量不能超过对应计算机目录中的计算机数量。

（3）在"计算机"对话框，选择已创建的计算机目录 teacher-vm，把交付组和计算机目录关联起来，这样用户就可以使用到分配的桌面，如图 5-25 所示。

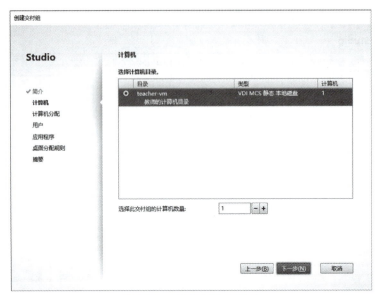

图 5-25 "计算机"对话框

（4）在"交付类型"对话框，选择"桌面"，如图 5-26 所示。本节仅交付桌面，将在项目 6 学习如何交付应用程序。

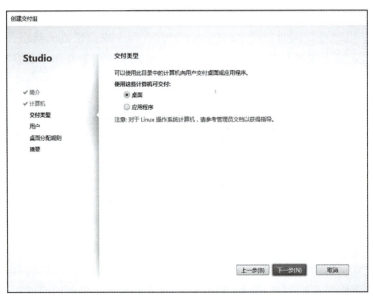

图 5-26 "交付类型"对话框

（5）在"用户"对话框，指定能够使用此交付组中的桌面的用户。本节需求是创建教师用户的交付组，因此限制网络教学部的教师用户使用此交付组。在限制条件中添加组 dept-net 即可，如图 5-27 所示。

图 5-27 "用户"对话框

（6）在"桌面分配规则"对话框，添加要在启动桌面时向其分配计算机的用户或组。本节需求是为教师组 dept-net 中的教师用户 t1 分配一个桌面，因此需要添加分配规则，单击"添加"按钮。在"添加桌面分配规则"对话框中，填写桌面的显示名称和说明，例如 desk-t1，选择"将桌面分配限制到"，单击"添加"按钮，在"选择用户或组"对话框中输入教师 t1 的用户名 t1 并单击"确定"按钮，系统会自动补全为域用户名格式，如图 5-28 所示。

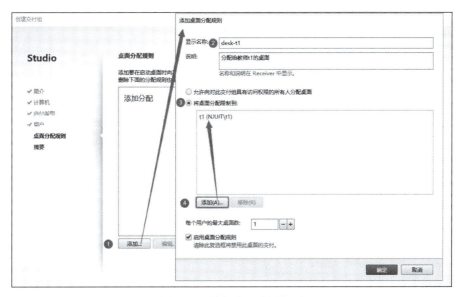

图 5-28 编辑桌面分配规则

(7)在"桌面分配规则"对话框可以看到桌面desk-t1和域用户t1已完成关联,如图5-29所示。

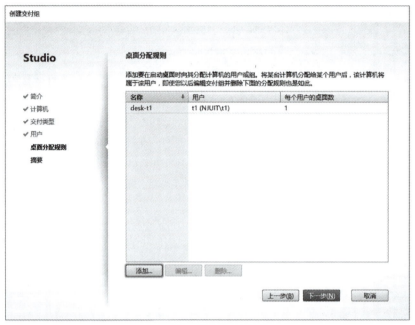

图5-29 成功添加规则

(8)在"摘要"对话框,交付组名称为teacher-desk,如图5-30所示。单击"完成"按钮,开始创建交付组。交付组成功创建后,将自动启动位于服务器xenserver上分配给教师t1的虚拟机teacher-vm01。

图5-30 "摘要"对话框

（9）查看交付组状态。当前交付组中计算机数量为 1，仅包含分配给教师 t1 的一台计算机，如图 5-31 所示。若"未注册"的计算机数量值为 1，原因是桌面虚拟机启动后，运行在桌面虚拟机上的 VDA 代理软件需要与 XenDesktop 桌面虚拟化系统中的控制组件进行交互，将桌面虚拟机的信息注册到控制组件后，计算机的状态才会变成已注册，从而"未注册"的计算机数量值变为 0。该过程需要等待数分钟，待计算机完成注册后，用户可以通过浏览器登录用户界面并连接桌面。

交付组 ↓	交付	计算机数量	使用中的会话
teacher-desk 桌面操作系统	桌面 （静态计算机分配）	总数：1 未注册：1	总数：0 已断开：0

图 5-31　查看交付组列表

3. 体验桌面

在个人计算机上打开浏览器（推荐使用 Chrome 浏览器），在地址栏中输入 XenDesktop 的用户登录地址，如 http://192.168.100.30/Citrix/StoreWeb/，在登录界面输入教师 t1 的域账号和密码。单击"桌面"标签会展示当前用户的桌面列表，可以看到 t1 用户目前有一个名为 desk-t1 的桌面可以使用。单击 desk-t1 桌面图标后，浏览器会自动下载 ica 格式的文件，手动点击该文件将自动调用 Receiver 客户端打开思杰的桌面窗口（有的浏览器可能会自动打开 ica 文件并运行 Receiver 客户端），如图 5-32 所示。

图 5-32　打开桌面

进入桌面后可以查看当前用户，当前用户为教师 t1，该桌面计算机在域中的全名为 teacher-vm01.njuit.lab，并且桌面可以正常使用，如图 5-33 所示。

图 5-33　运行桌面

在使用桌面的过程中，用户个人计算机与桌面之间可以进行文件传输。在桌面顶部工具栏中单击"首选项"按钮进入"文件访问"菜单栏。桌面计算机对个人计算机的本地文件访问级别有 4 种，包括"读写""只读""无权限""每次都询问"，如图 5-34 所示。"读写"表示桌面计算机可以读写个人计算机的本地文件；"只读"表示只允许桌面计算机读取个人计算机的本地文件，但不能写入；"无权限"表示不允许桌面计算机访问个人计算机的本地文件；"每次都询问"表示每次访问个人计算机的本地文件时都要选择具体的权限。部署桌面云虚拟化系统的组织可以根据自身信息安全的需求对用户桌面的访问权限进行设置。

图 5-34　文件访问权限

教师用户经常需要在个人计算机和桌面之间相互传输文件，所以测试时将文件访问权限设置为"读取/写入权限"。完成权限设置后，教师在使用桌面时可以浏览个人计算机的文件系统并进行复制、修改、删除文件等操作。在体验桌面的过程中请思考如下问题：

（1）假如教师 t1 在使用桌面过程中不小心将桌面关机，是否需要求助于管理员？

（2）桌面重启后，教师 t1 的个人数据是否会丢失？

（3）教师 t1 退出桌面后，教师 t2 能否使用 t1 的桌面？

针对以上问题，XenDesktop 桌面云解决方案提供了基本的自助服务和信息安全机制。StoreFront 用户界面提供了重启及开机等功能，当用户误关机或桌面出现蓝屏、死机等故障时，用户可以独立操作解决问题，不需要求助于管理员。桌面重启后，教师 t1 已保存的个人数据不会因为桌面电源变化而丢失。教师 t1 退出桌面后，登录教师 t2 的账户会发现没有任何内容，说明目前没有任何桌面与用户 t2 关联，t2 不可能使用 t1 的桌面。

以上是 PC 端的使用方式，思杰桌面在移动端也有非常好的用户体验。若读者有安卓或 iOS 的平板计算机、手机等移动设备，可以将设备连接至 XenDesktop 所在的 VMnet2 网络。本步骤选做，需要个人计算机配有无线网卡，个人计算机打开热点后会生成一个本地连接。将 VMnet2 共享给该热点网络对应的本地连接，移动设备连接该热点即与 VMnet2 网络相通，从而在智能移动终端通过思杰客户端体验思杰云桌面。

4. 添加桌面

在上面的测试过程中，发现静态桌面是私人拥有的，教师 t1 已拥有自己的专属桌面，下面将继续为教师 t2 准备静态桌面。具体步骤如下：

（1）以域管理员身份登录服务器 xendesktop，进入 Studio 管理界面，在计算机目录列表中选择教师的计算机目录 teacher-vm，右击选择"添加计算机"命令，如图 5-35 所示。

图 5-35　添加计算机

本次只需要添加 1 台计算机，确认数量后单击"下一步"按钮继续，如图 5-36 所示。

图 5-36　确认添加计算机的数量

（2）在"Active Directory 计算机账户"对话框，继续使用之前的设置，即域 njuit.lab 下的组织单位 school-cs，账户命名方案不变，单击"下一步"按钮，如图 5-37 所示。

图 5-37　"Active Directory 计算机账户"对话框

（3）在"摘要"对话框中，单击"完成"按钮，如图 5-38 所示。服务器 xendesktop 将发送指令至服务器 xenserver，在服务器 xenserver 上根据模板创建第二台类型为静态桌面的虚拟机。

图 5-38 "摘要"对话框

（4）在交付组列表中选择教师的桌面交付组 teacher-desk，右击该交付组选择"添加计算机"命令，接下来将新创建的计算机分配给教师 t2。选择可用的计算机资源，可以看到当前计算机目录 teacher-vm 中有 1 台刚创建且未分配的计算机。选中计算机目录 teacher-vm，单击"下一步"按钮，如图 5-39 所示。

图 5-39 交付组添加计算机

（5）"用户分配"对话框不用配置，因为该交付组中的计算机默认用户是组 dept-net，即网络教学部的所有教师均有机会使用组中的计算机。但由于教师桌面是专用桌面，需要配置桌面分配规则后才会将计算机分配给对应用户，所以此处不需要选择用户。单击"下一步"按钮，如图 5-40 所示。最后单击"完成"按钮，服务器 xendesktop 将向服务器 xenserver 发送创建虚拟机的指令。由于计算机目录配置为快速克隆方式，创建虚拟机用时约 1 min。若使用完整复制模式，创建虚拟机需要等待较长时间。

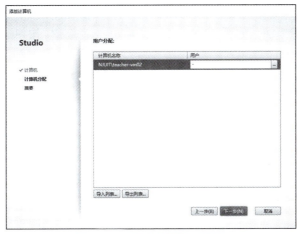

图 5-40 "用户分配"对话框

（6）交付组 teacher-desk 完成添加计算机后，右击选择"编辑交付组"命令，如图 5-41 所示。

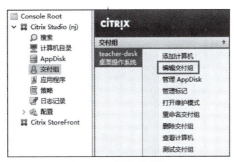

图 5-41 编辑交付组

选择"桌面分配规则"，可以看到当前只有一条用户 t1 的桌面分配规则，单击"添加"按钮，准备为用户 t2 配置桌面分配规则，如图 5-42 所示。

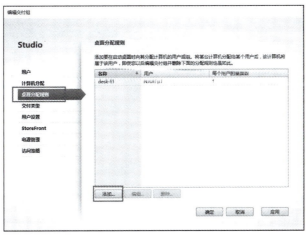

图 5-42 "桌面分配规则"对话框

（7）显示名称填写 desk-t2，即用户 t2 登录客户端后看到的桌面名称，继续单击"添加"

按钮,输入用户名 t2 并确定,用户名称会自动改为域用户格式 NJUIT\t2,单击"确定"按钮完成桌面分配规则的添加,如图 5-43 所示。最后单击"确定"按钮退出"编辑交付组"对话框。

个人计算机使用浏览器登录用户界面(建议新开一个浏览器的隐私窗口),测试教师 t2 是否可以正常使用桌面,过程可以参考 5.4.2 节,本节不再复述。若提示启动失败,原因可能是虚拟机仍在启动过程中,等待数分钟后再次尝试。在等待过程中可以登录 XenCenter 客户端查看对应的桌面虚拟机的运行状态,预防桌面虚拟机出现蓝屏、死机等异常状况。

5. 删除桌面

当用户不再使用桌面时,建议将用户资源彻底删除以节约服务器虚拟化资源池的计算资源。删除桌面需要先删除交付组,再删除计算机目录。具体步骤如下:

(1)单击"交付组"选项,在"交付组"列表中右击待删除的交付组,选择"删除交付组"命令,将弹出对话框确认是否删除此交付组,选择"是"确认删除,如图 5-44 所示。

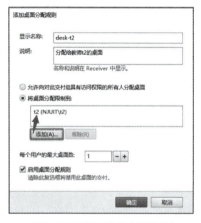

图 5-43 添加桌面分配规则

图 5-44 删除交付组

(2)单击"计算机目录"选项,在"计算机目录"中右击待删除的计算机目录,选择"删除计算机目录"命令,如图 5-45 所示。

图 5-45 删除计算机目录

(3)在"删除选项"对话框选择"删除虚拟机"及"从 Active Directory 中删除",单击"下一步"按钮,最后单击"完成"按钮确认删除。此步骤将服务器 xenserver 上的 2 台用户虚拟机彻底删除,不再保留任何用户数据,同时自动在域控制器上将计算机账户信息删除,如图 5-46 所示。

图 5-46 "删除选项"对话框

5.4.3 发放随机桌面

1. 创建计算机目录

本节将实现 XenDesktop 桌面云解决方案的随机桌面场景。使用随机桌面，桌面的个性化数据不会保存，每次关机或重启后，桌面自动还原到初始状态。随机桌面的发放过程与静态桌面类似，但配置稍有差别。具体步骤如下：

（1）进入 Citrix Studio 桌面管理界面，右击"计算机目录"，选择"创建计算机目录"命令，在"操作系统"对话框，仍然选择"桌面操作系统"。"计算机管理"对话框使用默认配置。本次创建随机桌面，"桌面体验"选项选择第一个选项"希望用户在每次登录时连接到一个新（随机）桌面"，如图 5-47 所示。

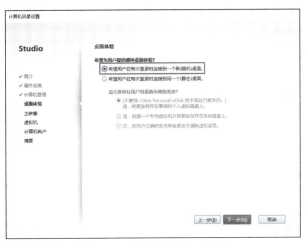

图 5-47 "桌面体验"对话框

（2）主映像选择模板虚拟机 win10-tmp 的快照 s2，单击"下一步"按钮进入"虚拟机"对话框，对即将发放的虚拟机进行配置。创建虚拟机的数量设置为 1 台，在实际项目中，通常建议首次创建 1 台虚拟机，若创建过程中出错可以快速排查故障，若未出错则可以进行批量发放的操作。用于临时数据缓存的内存和磁盘空间使用默认值即可，如图 5-48 所示。

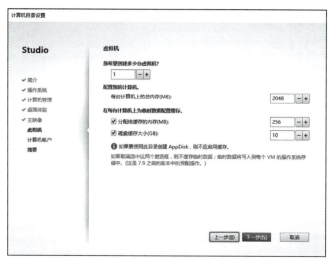

图 5-48 "虚拟机"对话框

（3）"Active Directory 计算机账户"对话框，选择域 njuit.lab 下的组织单位 school-cs，并将虚拟机在域中的账户命名方案设置为 student-vm##，通配符 "##" 表示数字从 01 到 99 递增，如图 5-49 所示。

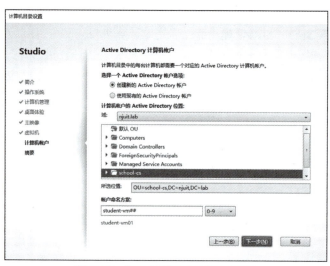

图 5-49 "AD 计算机账户"对话框

（4）在"摘要"对话框，将计算机目录名称设置为 student-vm，表示所有学生用户的虚拟机均位于该计算机目录下，便于分类和查找。单击"完成"按钮，如图 5-50 所示。

桌面管理组件 Studio 将创建虚拟机的命令发送给 XenServer 虚拟化系统，等待服务器 xenserver 上的虚拟机完成创建，该过程用时约 5 min。

2. 创建交付组

计算机目录中的虚拟机完成创建后，并未与任何用户关联，这里将计算机目录中的虚拟机与域用户关联，即将学生虚拟机交付给学生用户，用户通过桌面客户端即可访问虚拟机的桌面。创建交付组的过程如下：

（1）进入 Studio 管理界面，右击"交付组"，选择"创建交付组"命令。在"计算机"对话框，选择已创建的计算机目录 student-vm，学生用户的桌面类型为"VDI MCS 随机"，当前计算机目录中只有 1 台未分配的计算机。把交付组和计算机目录关联起来，这样用户就可以使用到分配的桌面，如图 5-51 所示。

图 5-50 "摘要"对话框

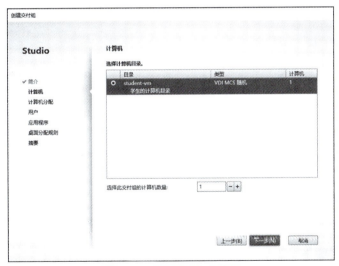

图 5-51 "计算机"对话框

（2）在"用户"对话框指定能够使用此交付组中的应用程序和桌面的用户。此处限制组 net01 使用此交付组，即仅允许网络 01 班级的所有学生使用该组中的计算机，但具体使用方式需要通过配置桌面分配规则来实现。选择"限制以下用户使用此交付组"，并单击"添加"按钮，添加 net01 组，如图 5-52 所示。

（3）在"应用程序"对话框使用默认设置，这里只发放桌面，不发放应用程序，因此无须进行配置，如图 5-53 所示。

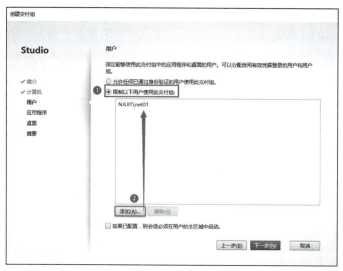

图 5-52 "用户"对话框

（4）在"添加桌面"对话框，配置用户桌面分配规则。单击"添加"按钮，填写桌面的显示名称，如 student-desk，选中"将桌面使用限制到"单选按钮，单击"添加"按钮，添加对象为学生组 net01，即 net01 班级的所有学生都能使用桌面组中未被分配的桌面，如图 5-54 所示。

图 5-53 "应用程序"对话框

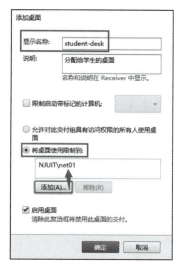

图 5-54 "添加桌面"对话框

（5）在"摘要"对话框，交付组名称设置为 student-desk，单击"完成"按钮实现桌面交付，如图 5-55 所示。

3. 体验桌面

在个人计算机上打开浏览器（推荐使用 Chrome 浏览器），在地址栏中输入 XenDesktop 用户界面组件 StoreFront 的 Web 访问地址，如 http://192.168.100.30/Citrix/StoreWeb/，在登录界面输入 net01 组中任意用户的域账号和密码，如学生用户 njuit\s1。单击"桌面"标签会展示当前用户的桌面列表，可以看到 s1 用户目前有一个名为 student-desk 的桌面可以使用，如图 5-56 所示。

图 5-55 "摘要"对话框

图 5-56 学生桌面

单击 student-desk 桌面图标后,浏览器会自动下载 ica 格式的文件,手动单击该文件将调用 Receiver 客户端打开思杰的桌面窗口(有的浏览器可能会自动调用 Receiver 客户端打开 ica 文件)。进入桌面后可以查看当前用户为 s1,并且桌面可以正常使用。用户 s1 在桌面新建文本文档 s1.txt 后,单击 Windows 桌面的重启按钮后自动退出桌面,再次进入浏览器的 StoreFront 用户界面,单击桌面 student-desk 图标进入桌面(若桌面图标显示"转圈"状态,表示桌面重启需要一定时间,需要等待)。当用户 s1 再次进入桌面时,可以看到一个全新的桌面,上次保存的文件不复存在。以上测试结果说明随机桌面不会保存用户的个性化数据。

当前环境中只发放了一台随机桌面,并且用户 s1 正在使用中,此时学生用户 s2 能否使用桌面?关闭浏览器,但不要关闭 s1 的桌面,再次打开浏览器进入 StoreFront 用户界面,登录学生 s2 的账户,可以看到 student-desk 桌面图标,但单击该图标后提示"无法启动桌面",原因是当前随机桌面池中只有一个桌面可用,并已经交付给 s1,所以没有可用的桌面交付给用户 s2,如图 5-57 所示。只有当 s1 的桌面主动注销后,s2 才有机会使用桌面池中的桌面资源。

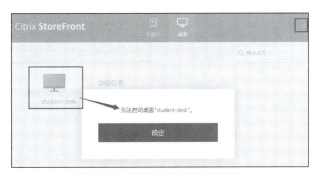

图 5-57 用户 s2 无法启动桌面

4. 添加桌面

桌面池引入了预创建的机制,这意味着在学生上课前,服务器虚拟化平台上已经存在若干预先创建好的虚拟机,从而提高桌面分配效率。在学生桌面场景的测试过程中,发现随机桌面是用户组中所有用户共同拥有的，分配原则是"先到先用"，若桌面池中的桌面都已分配完，则其他用户将无法使用，必须添加新桌面资源才能使用。当前学生桌面池中仅有 1 台桌面虚拟机，接下来将扩充桌面池中桌面虚拟机的数量，继续为学生 s2 交付桌面。实现思路是先扩充计算机目录中的计算机，然后在交付组中添加计算机并分配给用户。

（1）以域管理员身份登录服务器 xendesktop，进入 Studio 管理界面。右击学生的计算机目录 student-vm，选择"添加计算机"命令。本次只需要添加 1 台计算机，单击"下一步"按钮继续，如图 5-58 所示。

图 5-58 "虚拟机"对话框

（2）AD 计算机账户继续使用之前的设置，即域 njuit.lab 下的组织单位 school-cs，单击"下一步"按钮，如图 5-59 所示。

图 5-59 "Active Directory 计算机账户"对话框

（3）在"摘要"对话框，单击"完成"按钮。服务器 xendesktop 将发送指令至服务器 xenserver，在服务器 xenserver 上以复制模板的方式创建第二台虚拟机 student-vm02。

(4)右击交付组 student-desk,选择"添加计算机"命令,准备将上一步创建的计算机分配给学生组中无桌面的学生。选择可用的计算机资源,可以看到当前计算机目录 student-vm 中有 1 台未分配的计算机,单击"下一步"按钮,如图 5-60 所示。

图 5-60 "计算机"对话框

(5)单击"完成"按钮,实现新桌面计算机的交付。

添加桌面后,可以模拟两个桌面用户同时使用桌面的场景。学生每次登录时会从班级桌面池中随机挑选一个桌面进行分配,并且不保存个人数据,学生注销桌面后个人数据自动清空。保持 s1 桌面为运行状态,个人计算机使用浏览器的隐私模式再次打开 StoreFront 用户界面,使用学生用户 s2 账号登录并测试是否可以正常使用桌面。正常情况下,学生 s1 和 s2 应该能分配到各自的桌面并正常使用。用户在单击桌面图标启动桌面的过程中,可能会提示"无法启动桌面",原因是虚拟机处于启动过程中,还未和 Delivery Controller 控制器进行通信,通常等待数分钟后,再次单击桌面图标即可正常打开桌面。

5.5 项目测试

桌面云教室在日常教学过程中,授课教师在课程不同阶段对实验软件的需求会发生变化,即桌面不是一成不变的。桌面软件经常需要更新,逐个登录桌面计算机并更新软件的方式肯定是不现实的。管理员通过 XenDesktop 桌面管理系统可以轻松实现批量更新桌面,仅需要更新一次模板,将基于该模板的桌面重新发布即可完成所有桌面的更新。

(1)以域管理员身份登录服务器 xendesktop,打开 Citrix Studio 管理界面,选择交付组 student-desk,右击选择"打开维护模式"命令,如图 5-61 所示。维护模式的作用是避免在更新过程中,学生使用桌面对更新过程造成影响。此时学生登录桌面会提示桌面暂时不可用。

(2)Studio 控制台的"搜索"功能可查看特定计算机、会话、计算机目录、应用程序或交付组的信息。在 Studio 导航窗格中选择"搜索"标签,将桌面列表中的所有学生虚拟机选中并关闭。XenDesktop 的控制器组件 Delivery Controller 将向服务器 xenserver 发送关闭虚拟机的命令,如图 5-62 所示。

图 5-61　打开维护模式　　　　　　　图 5-62　关闭用户计算机

（3）更新模板机。使用 XenCenter 管理工具连接服务器 xenserver，可以看到 2 台用户桌面虚拟机均自动关机。启动模板虚拟机 win10-tmp，以域管理员身份登录。可以将待安装的软件包（例如输入法、浏览器、远程工具等软件）放在域控制器 dc 的共享目录中，模板虚拟机访问域控制器 dc 的共享目录地址 \\192.168.100.10\share，即可下载软件并安装在模板机上。本例为模板虚拟机 win10-tmp 安装远程软件 WinSCP，安装结束后将模板虚拟机关机，并做第三次快照 s3。模板虚拟机的快照链如图 5-63 所示。

图 5-63　模板虚拟机的快照链

（4）进入服务器 xendesktop 的 Studio 管理界面，右击计算机目录 student-vm，选择"更新计算机"命令，如图 5-64 所示。

图 5-64　更新计算机

进入"概览"对话框，本次更新将影响 student-desk 交付组中的 2 台桌面，如图 5-65 所示。

（5）主映像选择模板虚拟机 win10-tmp 的快照 s3。在该快照状态下，模板虚拟机 win10-tmp 新安装了用户软件，如图 5-66 所示。

（6）前滚策略选择"立即"，该策略将立即关闭并重启所有用户计算机，单击"下一步"按钮，如图 5-67 所示。

（7）单击"完成"按钮，所有桌面虚拟机将自动进行更新，该过程用时约 5 min。

（8）选中交付组 student-desk，右击选择"关闭维护模式"命令，如图 5-68 所示。XenDesktop 的控制器组件会自动向服务器 xenserver 发送开启用户桌面虚拟机的命令。

图 5-65 "概览"对话框

图 5-66 选择快照 s3

图 5-67 设置前滚策略

图 5-68　关闭维护模式

（9）学生用户再次试用浏览器登录 StoreFront 用户界面，等待桌面虚拟机完全启动后，可以看到桌面新安装了软件并正常使用。当学生桌面不再使用时，为节约 XenServer 服务器的资源，可以批量删除所有学生桌面。删除桌面需要先删除交付组，再删除计算机目录。为节省实验资源，可以将所有学生桌面资源删除。

小　结

本项目基于教学场景使用思杰的 XenDesktop 桌面云管理系统，将其与 XenServer 虚拟化系统对接，并分别使用教师和学生类型的域账号登录静态桌面和随机桌面进行功能测试，最后对学生桌面进行批量更新。至此，公有桌面和私有桌面的应用场景已通过实验练习与验证，下一项目将介绍桌面虚拟化的另一种展现形式——应用虚拟化。

习　题

一、简答题

1. 简述 VDA 代理的作用。
2. 简述静态桌面与随机桌面的使用场景。
3. 简述批量更新学生桌面的过程。
4. 简述 XenDesktop 桌面虚拟化系统与 XenServer 服务器虚拟化系统之间的关系。
5. 随机桌面场景中，用户每次登录的桌面计算机是否一直是同一台？

二、操作练习题

1. 掌握制作桌面模板的基本操作。
2. 为教师用户 t1 和 t2 发放静态桌面。
3. 为学生用户 s1 和 s2 发放随机桌面。
4. 为所有学生用户的桌面更新软件。
5. 删除学生用户的交付组和计算机目录。

项目 6 应用虚拟化

学习目标

- 了解应用虚拟化的业务场景。
- 理解应用虚拟化与桌面虚拟化的区别。
- 理解应用虚拟化的技术原理。
- 掌握应用服务器的部署。
- 掌握基于服务器操作系统发布应用的基本操作。

项目结构图

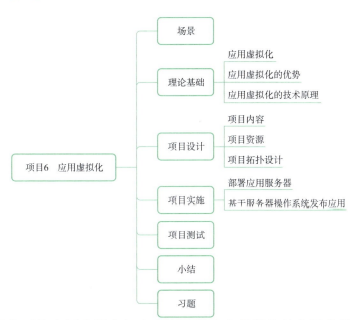

本项目介绍典型的应用虚拟化解决方案。思杰在早期将其应用虚拟化解决方案称为 XenApp，目前 XenApp 已集成在 XenDesktop 中。应用虚拟化作为传统桌面的扩展，可以为用户提供更好的体验。本项目主要讲解应用虚拟化的业务场景、技术原理、发布应用程序、测试应用程序等。

6.1　场景

李某采用思杰的 XenDesktop 桌面云解决方案完成桌面发放业务后，教师和学生均反馈使用体验非常好。在试用了一段时间后，有部分老师提出了额外的需求，例如老师上课时需要使用某些软件，但当前自己的笔记本计算机或教室公共计算机上不一定有这些软件，现场下载及安装软件会浪费时间，影响正常的教学环节。可以像打开云桌面一样远程打开自己云端虚拟机里的软件如（如 PPT、Word 等），课堂上对课件进行修改后，内容均保存到云端，整个过程和使用本地软件的体验一致，不需要再打开一个完整桌面。课后可以在手机、Pad 等移动设备上继续对上课时修改的内容进行编辑，这样数据就可以时刻跟着用户走。对于这些应用场景，思杰的应用虚拟化解决方案可以完美匹配并为用户提供良好的使用体验。

应用虚拟化场景图如图 6-1 所示，底层系统结构与桌面虚拟化一致，但在上层需要额外部署应用服务器用于发布应用，用户可以通过各种智能设备运行应用服务器上的应用程序。一台应用服务器可以同时提供给多个用户使用，而常规的桌面方式在同一时间通常只能分配给一个用户使用。

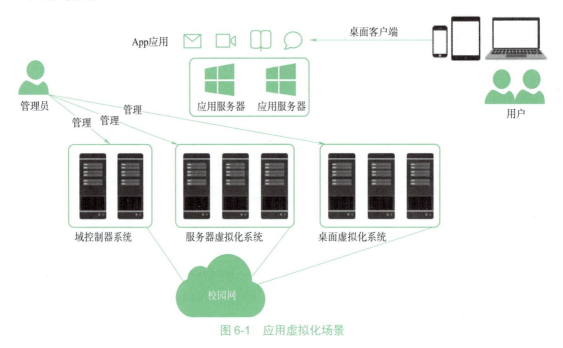

图 6-1　应用虚拟化场景

6.2　理论基础

6.2.1　应用虚拟化

应用虚拟化技术原理是基于应用/服务器架构，采用类似虚拟终端的技术，把应用程序的人机交互逻辑（应用程序界面、键盘及鼠标的操作、音频输入输出、读卡器、打印输出等）与计算逻辑隔离开。在用户访问一个服务器虚拟化后的应用时，用户计算机只需要把人机交互逻辑传送到服务器端。应用虚拟化，即用户使用云端软件，不用在本地安装软件，并且可以同时使用同一软件的多个版本，不存在兼容性问题。

应用虚拟化技术是将应用程序与操作系统解耦，为应用程序提供了一个虚拟的运行环境，以解决操作系统和应用软件不兼容的问题。用户只需要在应用主机中安装好所需的应用，通过管理控制中心下发到用户的桌面，就能获得和本地使用一致的体验。

桌面虚拟化与应用虚拟化均属于虚拟化技术，桌面虚拟化交付给用户的是虚拟桌面，应用虚拟化交付给用户的是虚拟应用，用户无法看到此应用程序所运行的虚拟桌面环境。二者均能方便运维人员统一部署和管理，为用户提供标准化的工作环境及灵活便捷的使用方式，可以随时随地访问用户桌面或应用。

可以将应用虚拟化理解为桌面虚拟化的子集。桌面虚拟化交付的桌面操作系统类型广泛，而应用虚拟化交付的只有 Windows 系统的应用程序。桌面虚拟化交付给用户的桌面包括 Windows 系统和各种 Linux 系统；应用虚拟化由于大多数厂商使用的远程应用连接协议是基于 Windows 的 RDP（远程桌面协议）实现的，因此应用虚拟化技术通常交付的是运行在 Windows 操作系统上的应用程序。

6.2.2 应用虚拟化的优势

在使用传统计算机时，因为计算机操作系统和应用软件不兼容可能导致应用无法正常使用，并且对于许多需要统一部署办公软件的企业来说，无法统一安装和更新应用给办公环境部署带来了很大的困难，应用虚拟化技术解决了上述问题。相较于传统的计算机而言，应用虚拟化技术有以下优势：

（1）跨系统使用 Windows 应用。例如，苹果 iOS 系统的设备可以使用 Windows 系统基于 x86 架构的应用程序，消除了不同系统平台间的壁垒。

（2）应用统一管理。管理员可以批量下发和更新应用程序。

（3）部署便捷。用户仅需要安装客户端即可使用所需要的软件，无须考虑系统环境问题。

（4）应用数据安全性高。应用和应用数据都保存在云端或数据中心，保障了应用数据的安全。

6.2.3 应用虚拟化的技术原理

目前的应用虚拟化技术通常以微软的远程桌面服务为技术基础，在介绍应用虚拟化之前先介绍微软的远程桌面服务。远程桌面服务(以前称为终端服务)提供的功能类似于基于终端的集中式主机或大型机环境，其中多个终端连接到主计算机。每个终端都为用户和主计算机之间的输入和输出提供一个管道。用户可以在终端登录，然后在主计算机上运行应用程序，访问文件、数据库、网络资源等。每个终端会话都是独立的，主机操作系统管理多个争夺共享资源的用户之间的冲突。

（1）RDP（remote desktop protocol，微软远程桌面协议）：用于 Windows 系统的远程桌面连接和远程应用连接服务的通信协议。RDP 支持多通道，允许单独的虚拟通道从服务器传输设备通信和演示数据，以及加密的客户端鼠标和键盘数据。RDP 支持多达 64 000 个单独的通道进行数据传输。在服务器上，RDP 协议将呈现信息构造为网络数据包，并通过网络将它们发送到客户端。在客户端上，RDP 接收呈现数据，并将数据包解释为相应的 Windows 图形接口调用。对于用户输入，客户端将键盘和鼠标事件重定向到服务器。在服务器上，RDP 使用其自己的键盘和鼠标驱动程序来接收这些键盘和鼠标事件。

（2）RDS（remote desktop service，远程桌面服务）：Windows 系统自带的远程桌面服务组件，结合 RDP 协议，可向用户提供远程桌面连接服务和远程应用连接服务。通过远程桌面服务，可以生成虚拟化解决方案来满足每个最终客户的需求，包括交付独立的虚拟化应用程序、提供安全的移动和远程桌面访问，使最终用户能够从云运行其应用程序和桌面。

（3）RDSH（remote desktop session host，远程桌面会话主机）：一般只在 Windows Server 系统上提供，为 Windows 系统的多用户并发接入提供服务，可以提供多个远程会话，同时用于远程桌面连接服务和远程应用连接服务。

RDS 服务是目前业界大多数应用虚拟化解决方案的基础，允许用户使用各种类型的智能终端设备来访问用户 Windows 系统所在的计算机或者配置了 RDSH 的 Windows Server 系统服务器。用户设备可能是 Linux、安卓、苹果等系统，无法直接运行 Windows 应用程序（如微软的 IE 浏览器），但通过应用虚拟化技术可以解决此问题。为了运行 Windows 应用，需要在 Windows Server 上安装 RDSH 角色作为应用主机，通过远程应用管理控制中心发布 Windows 应用。用户客户端通过 RDP 协议访问发布的 Windows 应用，就可以正常使用。目前业界通用的应用虚拟化技术，是在服务器上部署 Windows Server 系统作为应用主机、以 RDP 协议为远程应用连接协议，支持用户在本地系统上使用主机中发布的应用，如图 6-2 所示。

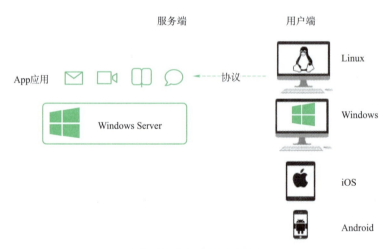

图 6-2 应用虚拟化实现

Citrix 的桌面协议区分应用和桌面，通过 XenApp 提供虚拟应用，通过 XenDesktop 提供桌面服务。目前 XenDesktop 已整合 XenApp 的功能，所以使用 XenDesktop 即可同时满足应用和桌面的需求。当用户需要使用某个软件时，XenDesktop 会把该软件的界面推送给用户，而并不需要把整个系统桌面推送给用户使用。应用虚拟化属于桌面虚拟化的范畴，可以看作一种更轻量级的桌面虚拟化。在思杰的应用虚拟化中，可以使用 Windows 桌面操作系统或者 Windows 服务器发布应用程序。由于桌面操作系统没有 RDS 不支持多个用户并发访问，因此这里发布的应用程序也跟发布桌面一样，一台虚拟机提供的应用程序只能给一个用户使用，只有使用服务器操作系统的计算机来发布应用程序才能支持多个并发用户使用应用程序。两者的区别是，使用 Windows 桌面操作系统（例如 Windows 10）发布的应用程序只能给一个用户使用，若有新用户需要使用应用程序，则必须再创建一台 Windows 桌面操作系统计算机，这种应用虚拟化的实现方式会占用较多资源。而使用 Windows 服务器操作系统发布应用程序，可以实现一台服务器发布多人同时使用的应用，这种方式是推荐的应用虚拟化方式。本项目将使用 Windows 服务器操作系统发布应用程序。

6.3　项目设计

6.3.1　项目内容

本项目聚焦应用业务，项目的目的是部署应用服务器并发布应用，理解应用虚拟化的功能特性及应用场景。项目内容如下：

（1）在服务器 xenserver 上创建一台虚拟机，用作应用服务器。为应用服务器安装 Windows Server 2016 操作系统，配置网络地址并加入域。

（2）为应用服务器安装 VDA 代理软件。

（3）创建应用服务器的计算机目录和交付组，用户登录后可以同时使用应用及桌面。

6.3.2　项目资源

本项目所需的计算资源包括 3 台服务器，在实验过程中使用虚拟机模拟这些计算资源，计算资源配置见表 6-1。

表 6-1　计算资源配置

计算机名称	角色	配置	操作系统镜像名
dc	服务器：域控制器	2 个 CPU 内核，1 200 MB 内存，60 GB 硬盘，1 个网卡	cn_windows_server_2016_vl_x64_dvd_11636695.iso
xenserver	服务器：服务器虚拟化系统	4 个 CPU 内核（开启硬件辅助虚拟化功能），6 000 MB 内存，200 GB 硬盘，1 个网卡	XenServer-7.6.0-install-cd.iso
xendesktop	服务器：桌面虚拟化系统	2 个 CPU 内核，4 000 MB 内存，60 GB 硬盘，1 个网卡	cn_windows_server_2016_vl_x64_dvd_11636695.iso

6.3.3　项目拓扑设计

本项目要求将应用服务器 win2016-app 上的应用发布给指定的用户。为保证实验环境资源充足，需要将项目 5 中创建的交付组和计算机目录均删除。在服务器 xenserver 上创建一台虚拟机，作为应用服务器，并安装 Windows Server 操作系统和 VDA 代理，从而实现同时交付桌面和应用程序给多个用户的需求。管理员根据教师用户的软件需求发布应用，教师使用应用的方式与云桌面一致。每次关闭应用时可以保存数据，再次运行应用时，之前保存的用户数据不会丢失。实验环境拓扑如图 6-3 所示。

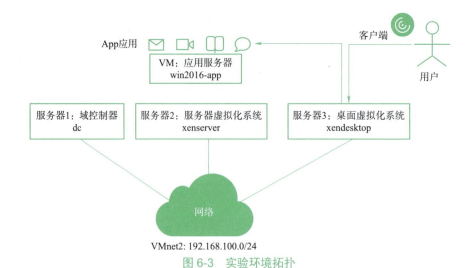

图 6-3 实验环境拓扑

本项目的 IP 地址规格见表 6-2。其中，应用服务器 win2016-app 为运行在服务器 xenserver 上的虚拟机，用于发布应用，其 IP 地址通过 DHCP 方式自动从域控制器 dc 获取。

表 6-2 项目 IP 地址规划

计算机名称	操 作 系 统	域　　名	IP 地址
dc	Windows Server 2016 数据中心版	dc.njuit.lab	192.168.100.10
xenserver	XenServer 7.6	xenserver.njuit.lab	192.168.100.20
xendesktop	Windows Server 2016 数据中心版	xendesktop.njuit.lab	192.168.100.30
win2016-app	Windows Server 2016 数据中心版	win2016-app.njuit.lab	DHCP

6.4 项目实施

6.4.1 部署应用服务器

1. 创建应用服务器

（1）以域管理员身份登录服务器 xendesktop。进入 Studio 管理界面，为节省实验资源，先删除所有交付组，然后删除所有计算机目录，从而将项目 5 中的所有用户桌面虚拟机彻底删除。

（2）登录 XenCenter 客户端，在服务器 xenserver 上创建一台虚拟机 win2016-app，作为应用服务器。创建虚拟机时，操作系统选择 Windows Server 2016，CPU、内存、硬盘、网卡等硬件均使用默认配置即可，具体配置如图 6-4 所示。虚拟机 win2016-app 需要安装 Windows Server 2016 操作系统并安装 XenServer Tools，该过程与第 3.4.4 节基本一致，这里不再赘述。安装操作系统和 Tools 工具用时约 20 min，请读者自行完成。

（3）由于域控制器 dc 上运行了 DHCP 服务，应用服务器 win2016-app 能够自动获取 IP 地址，无须手动配置。在 XenDesktop 桌面云解决方案中，应用服务器需要加入域才能安装 XenDesktop 的 VDA 代理软件。进入服务器 win2016-app 的系统属性界面，将计算机名设置为 win2016-app，并将其加入域 njuit.lab，如图 6-5 所示。完成修改后根据系统提示重启服务器 win2016-app。

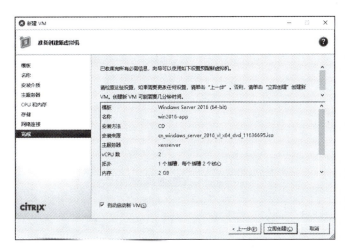

图 6-4　虚拟机 win2016-app 的配置

图 6-5　修改计算机名并加域

2. 应用服务器安装 VDA 代理

与 Windows 桌面操作系统类似，Windows 服务器操作系统若用于发放桌面或应用程序时，也需要安装 XenDesktop 的 VDA 代理。VDA 通常安装在托管于云平台的虚拟机上，但也可以安装在物理机上，用于帮助用户客户端连接到桌面和应用程序。服务器安装 VDA 代理的过程与第 5.4.1 节类似，具体步骤如下：

（1）使用 XenCenter 客户端，进入应用服务器 win2016-app 的控制台。必须使用域管理员 njuit\administrator 登录应用服务器 win2016-app，为 DVD 驱动器挂载 XenDesktop 7.15 的 iso 镜像。进入文件资源管理器，打开 CD 驱动器，运行 XenDesktop 安装程序（或进入文件夹双击 AutoSelect 安装程序）。

（2）选择要安装的产品，依然选择 XenDesktop，单击"启动"按钮，该选项已经包含 XenApp 交付应用程序的功能。

（3）安装 VDA 代理软件，选择 Virtual Delivery Agent for Windows Server OS 选项，可以看到 XenDesktop 已经检测到当前计算机操作系统为 Windows 服务器操作系统。

（4）在"环境"对话框，指定 VDA 的使用方式。应用虚拟化不需要根据模板复制新的虚拟机，而是直接使用已有的服务器 win2016-app，因此选择"启用与服务器计算机的连接"选项，如图 6-6 所示。

（5）在"核心组件"对话框，取消选中 Citrix Receiver，单击"下一步"按钮。在"附加组件"对话框，采用默认设置，单击"下一步"按钮。在 Delivery Controller 对话框填写控制器地址，即部署了控制器组件的服务器的域名 xendesktop.njuit.lab，单击"测试连接"按钮，若出现绿色的勾号，则说明模板机与 XenDesktop 服务器可以成功通信。单击"添加"按钮，如图 6-7 所示。

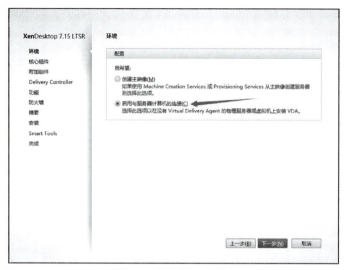

图 6-6 "环境"对话框

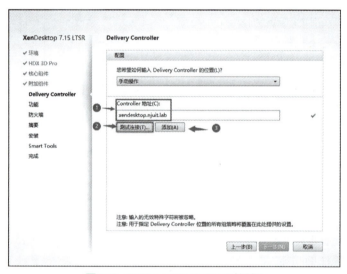

图 6-7 Delivery Controller 对话框

（6）持续单击"下一步"按钮，"功能"对话框、"防火墙"对话框均采用默认设置。在"摘要"对话框查看必备条件并单击"安装"按钮。安装过程用时约 10 min，若提示重启，则重启后继续以域管理员用户 njuit\administrator 登录（不要使用本地管理员 administrator 登录），若弹出远程连接对话框，取消即可。安装程序会继续自动运行，无须人为干预。

（7）Smart Tools 用于收集配置和使用数据并定期发送给 Citrix，因为当前为实验环境不需要发送数据，所以在 Smart Tools 对话框选择"我不想参与 Call Home"选项。

最后单击"完成"按钮，应用服务器 win2016-app 将自动重启，因为 VDA 代理软件必须在系统重启后才能正常工作。应用服务器重启后，以域管理员账号登录，根据实际需求在该服务器上安装用户需要的软件用于后续发放应用程序。将需要安装的软件包上传到域控制器 dc 的共享目录 share 中。服务器 win2016-app 访问该共享目录即可下载软件（如 WinSCP）到本地进行安装。域管理员完成安装软件的操作后应注销登录，应用服务器 win2016-app 完成部署后通常持续运行，无须人为登录操作。

6.4.2 基于服务器操作系统发布应用

1. 创建计算机目录

（1）在 Workstation 的虚拟机列表中选择 xendesktop，使用域管理员账号登录服务器 xendesktop。进入 Studio 管理界面，创建一个新的计算机目录。由于发布应用使用的是 Windows Server 2016 服务器，所以操作系统选择"服务器操作系统"，如图 6-8 所示。

图 6-8 "操作系统"对话框

（2）在"计算机管理"对话框，选择"进行电源管理的计算机"和"其他服务或技术"。应用服务器 win2016-app 是运行在服务器 xenserver 之上的虚拟机，因此由 XenServer 系统进行电源管理。MCS 方式是指根据模板机复制产生新的虚拟机，PVS 是指无盘工作站。这两项都不是应用服务器 win2016-app 的部署方式，因此部署计算机的方式应选择"其他服务或技术"选项，如图 6-9 所示。

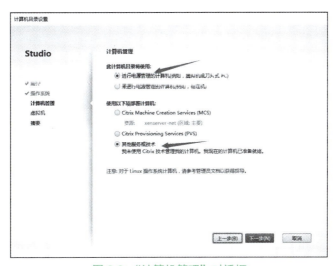

图 6-9 "计算机管理"对话框

（3）在"虚拟机"对话框，单击"添加 VM"按钮，选择服务器 xenserver 上的虚拟机 win2016-app，如图 6-10 所示。

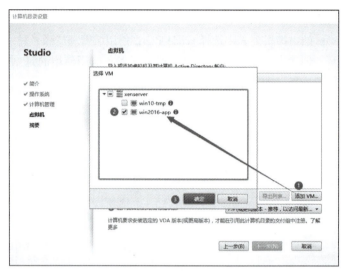

图 6-10 "虚拟机"对话框

单击"计算机 AD 账户"的"..."按钮用于选择计算机在域中的域名，如图 6-11 所示。输入应用服务器在域中的名字 win2016-app 后，单击"确定"按钮。系统将自动填写计算机 AD 账户为 NJUIT\WIN2016-APP$，单击"下一步"按钮。

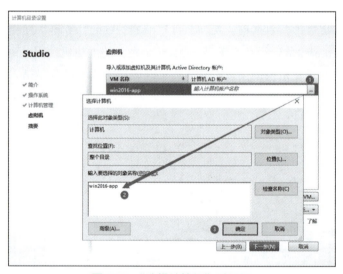

图 6-11 "选择计算机"对话框

（4）在"摘要"对话框，填写计算机目录名称，例如命名为 teacher-server，表示该计算机目录存放教师的应用服务器，单击"完成"按钮，等待目录创建完成，如图 6-12 所示。

2．创建交付组

（1）继续使用 Studio 创建一个新的交付组，选择计算机目录 teacher-server，当前计算机数量为 1，表示只有 1 台可用的计算机，即应用服务器 win2016-app，如图 6-13 所示。

图 6-12 "摘要"对话框

图 6-13 "计算机"对话框

（2）在"用户"对话框，选择"限制以下用户使用此交付组"选项，单击"添加"按钮添加组 dept-net，即只有网络工程教学部的教师用户才能使用该应用服务器交付的应用，如图 6-14 所示。

图 6-14 "用户"对话框

（3）单击"添加"按钮，选择要发布的应用程序，从"开始"菜单添加应用程序。例如，添加 Windows 操作系统自带的画图、计算器、记事本等应用程序，或者添加新安装的应用程序，如图 6-15 所示。

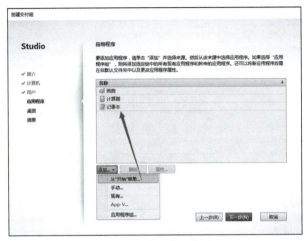

图 6-15　添加应用程序

（4）"桌面"对话框的添加分配是可选操作。若不添加分配，则用户只会看到应用程序；若添加分配，用户可以同时看到应用程序和桌面。本例中测试同时展示桌面和应用程序的效果，同时添加桌面分配规则，允许组 dept-net 的所有成员使用服务器 win2016-app 的桌面，用户使用桌面的显示名称为 desk-public，并将桌面使用限制到组 dept-net，如图 6-16 所示。配置后，将同时发布服务器 win2016-app 的桌面和应用程序。

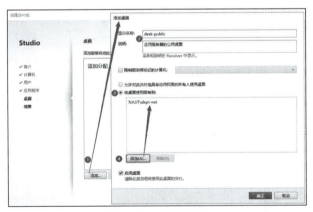

图 6-16　分配桌面

（5）在"摘要"对话框，填写交付组名称，例如 teacher-app，单击"完成"按钮等待交付组创建完成，如图 6-17 所示。

6.5　项目测试

打开浏览器，在地址栏输入 http://192.168.100.30/Citrix/StoreWeb/，登录到 Citrix StoreFront

的用户界面。使用教师账号 t1 登录后，可以看到界面同时显示了桌面和应用程序，如图 6-18 所示。与之前仅显示桌面稍有区别，但在使用方式上保持一致。用户单击任意应用后，浏览器会下载 ica 文件，通过 Citrix Receiver 客户端调用 ica 文件打开应用程序。

图 6-17 "摘要"对话框

图 6-18 用户界面显示应用程序

例如，用户单击"记事本"应用后，浏览器下载 ica 文件。Receiver 客户端调用 ica 文件后将在应用服务器上启动应用，如图 6-19 所示。Receiver 将应用服务器 win2016-app 上的记事本应用投屏到用户侧，使用方式与本地个人计算机的记事本应用一致。注意，应用虚拟化技术提供的应用和用户本地个人计算机的应用没有任何关系，应用的所有操作均在云端服务器上执行。用户 t1 保存"记事本"内容时，会保存到应用服务器 win2016-app 文件系统中 t1 用户的个人目录下，当 t1 退出应用并再次打开应用时，可以看到上次保存的用户数据。用户 t1 也可以单击桌面，使用服务器 win2016-app 的桌面。

图 6-19 启动应用服务器上的应用程序

此时，用户 t2 登录后，可以同时打开应用程序以及登录应用服务器 win2016-app 的桌面，借助服务器操作系统的 RDS 功能实现多个用户并发使用桌面和应用程序，实质是在应用服务器上同时运行这个应用程序的多个用户进程。多个用户可以同时打开同一个应用程序，且用户的数据不会相互影响，而是存放在应用服务器的用户桌面目录中。与桌面虚拟化类似，应用虚拟化在移动终端也有很好的用户体验。

小 结

本项目基于教学场景，在思杰 XenServer 服务器虚拟化平台上部署应用服务器，并使用思杰 XenDesktop 桌面虚拟化系统向指定用户发布应用程序，实现用户在任意设备上不间断使用的需求。至此，桌面云的基本业务已介绍完毕，下一项目将介绍桌面云的运维工具，并通过编写脚本实现快速高效运维。

习 题

一、简答题

1. 简述应用虚拟化的工作原理。
2. 简述应用虚拟化的使用场景。
3. 简述使用思杰 XenDesktop 产品发布应用的过程。
4. Windows 桌面版操作系统,如 Windows 10 系统,是否可用于发放应用?
5. 如何更新应用?

二、操作练习题

1. 为应用服务器 win2016-app 安装 VDA 代理软件。
2. 创建用于发放应用的计算机目录和交付组。
3. 尝试为教师用户添加新的应用。

项目 7 桌面云运维

学习目标

- 了解桌面云运维的业务场景。
- 掌握 XenDesktop 桌面云的运维工具。
- 理解 PowerShell 编程。
- 掌握基本的自动化运维。

项目结构图

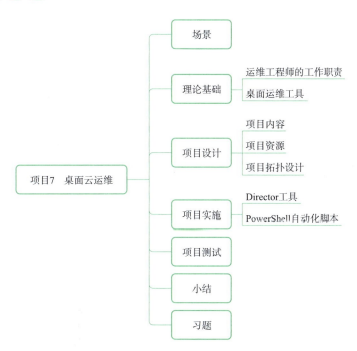

本项目介绍典型的桌面云运维场景、运维岗位职责、运维工具及自动化运维技术，主要讲解桌面云运维监控工具、PowerShell 脚本编程、自动化运维、故障排查等。

7.1　场景

在教育信息化进程中，许多学校逐渐将传统电子教室升级为云教室。在云桌面教育场景下，管理员可以对教学资源进行集中管理，例如根据上课或考试的时间、内容、地点等，实时进行云端资源的调整。教师或学生可以通过云桌面来更新或获取相关的课程、实训环境，从而可以在任何时间、任何地点进行自由办公或学习。

李某在校园桌面云的日常维护工作中，经常会收集师生反馈的各种问题，并需要及时跟进处理。任何系统的稳定运行，都离不开运维人员的辛苦付出。桌面云非常好用，但如何保证业务长期稳定运行，需要依靠运维工程师丰富的运维技术和经验积累。本项目收集了一些运维工作中常见的案例，例如，教师在上课过程中，桌面或应用无法打开，非常着急地求助李某在线快速解决；新生班级的大量学生账号需要快速创建，传统手动创建的方式显然不适合；桌面云系统包含各种功能组件，一个组件的故障可能会影响整个系统。这些棘手的问题需要运维工程师冷静分析、逐步排错，并借助系统工具或自动化脚本，才能快速解决。

7.2　理论基础

7.2.1　运维工程师的工作职责

相比于传统个人计算机，桌面云赢得企业用户青睐的一大特性就是其省心便捷的运维方式。当桌面出现普通问题时，用户直接重启就能基本解决，这种方式可以为运维工程师减少很多重复工作。但真正投入使用时，却发现桌面云环境涉及域控制器、服务器虚拟化系统、桌面虚拟化系统、应用软件、用户终端硬件等对象，牵一发而动全身。例如，虚拟机出现故障后，用户已在投诉，但监控平台的告警和日志并未及时反映出来。桌面云的运维，似乎也没有那么简单，需要运维工程师具备良好的技术能力及职业素养。

桌面云运维工程师的主要工作职责如下：

（1）熟悉业界主流厂家的桌面云解决方案，如 Citrix、VMware、华为等，主要负责数据中心服务器虚拟化系统和桌面虚拟化系统的运维工作。

（2）负责平台日常巡检、故障处理，问题跟进和任务安排。

（3）负责云平台的日常运维工作，主要包括统计平台使用情况和告警情况并记录，根据工单进行虚拟机的发放和回收工作，并按客户要求完成相关安全软件的安装；根据工单进行云桌面的发放和回收工作，完成资产和人员信息统计；发放使用手册，处理用户虚拟机的软件、系统、瘦客户端产生的各类故障。

（4）协助客户进行现场其他工作任务的处理，如重大节假日安全保障、搬迁规划等。

（5）根据客户要求撰写技术方案文档，能够将处理过的疑难案例整理、归纳、总结。

桌面云运维工程师的主要职业素养如下：

（1）为客户着想，具备较强的学习能力、分析能力、沟通能力，有较好的团队合作能力。

（2）具备丰富的运维故障排查经验，有较强的案例分析与处理能力。

（3）维护客户现场环境的整洁有序，杜绝安全隐患。

7.2.2 桌面运维工具

Director 组件是思杰 XenDesktop 桌面虚拟化系统自带的监视和故障排除控制台，桌面云管理员在日常运维过程中需要定期登录 Director 的 Web 界面，查看系统的实时运行状况和性能管理、历史趋势和网络分析。Director 同时提供了重影功能，即远程协助，便于管理员及时对用户现场问题进行快速处理。其他厂家的桌面云系统通常也部署了类似的监控组件，功能及使用方式基本一致。

除了桌面虚拟化系统自带的运维工具，Windows PowerShell 也是运维工程师进行自动化运维时需要掌握的工具，经验丰富的工程师能够在 Windows 操作系统上利用 PowerShell 执行各种管理任务。这里将通过案例分享，帮助读者深入了解这款强大的自动化运维工具，并为读者在运维领域的发展提供宝贵的帮助和指导。PowerShell 是微软发布的一种命令行程序及运行代码的环境，熟悉 Linux 命令行或习惯于使用脚本语言的用户均可使用 PowerShell 在 Windows 操作系统上快速完成各种管理任务。PowerShell 可以让运维工程师用简单的"话语"来控制计算机完成各种任务，从而更高效地使用计算机，让其成为运维人员的得力助手。当然，这一切并不是真的通过说话进行交互，而是通过特定的 PowerShell 的基本指令与语法。Powershell 的自动化运维功能包括批量操作、定时任务、监控和报警、自动化部署和配置等，在桌面云项目的日常运维工作中，熟练使用 PowerShell 可以让运维工程师事半功倍。

7.3 项目设计

7.3.1 项目内容

本项目聚焦桌面云系统自带的运维工具及通过编写 PowerShell 自动化脚本提高运维效率。项目内容如下：

（1）使用 XenDesktop 桌面虚拟化系统的 Director 监控组件，了解桌面云系统的实时运行状况。

（2）使用重影功能进行远程协助，帮助解决用户现场的问题。

（3）了解 PowerShell 编程并编写脚本实现简单的自动化运维，例如在计算机学院的网络 01 班级中，批量创建学生用户。

7.3.2 项目资源

本项目所需的计算资源包括 3 台服务器，在实验过程中使用虚拟机模拟这些计算资源，计算资源配置见表 7-1。

7.3.3 项目拓扑设计

本项目复用上一项目的实验环境即可，环境无变动，因此本节无须额外设计。

表 7-1 计算资源配置

计算机名称	角色	配置	操作系统镜像名
dc	服务器:域控制器	2 个 CPU 内核,1 200 MB 内存,60 GB 硬盘,1 个网卡	cn_windows_server_2016_vl_x64_dvd_11636695.iso
xenserver	服务器:服务器虚拟化系统	4 个 CPU 内核 (开启硬件辅助虚拟化功能),6 000 MB 内存,200 GB 硬盘,1 个网卡	XenServer-7.6.0-install-cd.iso
xendesktop	服务器:桌面虚拟化系统	2 个 CPU 内核,4 000 MB 内存,60 GB 硬盘,1 个网卡	cn_windows_server_2016_vl_x64_dvd_11636695.iso

7.4 项目实施

7.4.1 Director 工具

思杰 XenDesktop 桌面云解决方案的 Director 组件可以监视桌面和应用程序的使用情况。在浏览器地址栏中输入 http://192.168.100.30/Director 即可访问 Director 组件的主页,输入域管理员的账号 administrator 和密码 1qaz!QAZ;域填写 njuit.lab,如图 7-1 所示。

图 7-1 Director 登录界面

1. 监控

Director 界面顶部提供了"控制板""趋势""过滤器""警报"等功能标签,这些功能在日常运维过程中需要定期关注。例如,在"控制板"界面可以查看 XenDesktop 系统的实时状态信息,包括用户连接失败次数、发生故障的桌面操作系统计算机、发生故障的服务器操作系统计算机、许可状态、已连接的会话、平均登录时长、虚拟化基础架构的主机和控制器的状态信息,如图 7-2 所示。

在"趋势""过滤器""警报"等界面提供了较多运维相关的检索选项,读者可以在实验过程中查看这些界面进一步了解桌面云的工作原理和整体架构。

2. 重影

Director 组件同时提供了重影功能,即远程协助。这项功能非常适用于需要立即解决用户问题但运维工程师又不在现场的场合。当用户现场出现无法解决的问题时,可以直接联系管理员远程协助操作,极大提高运维效率。例如,教师用户 t1 在教室上课期间,发现自己桌面的 IE 浏览器无法访问教务系统网站,于是立即联系管理员李某并反馈该问题,期望能快速解决。而此时李某在学校数据中心，距离教学楼很远。李某第一时间想到的是Director的重影功能，可以轻松实现远程协助排查问题。于是，李某使用个人计算机以域管理员身份登录桌面云的Director页面，单击右上角的"搜索"按钮，输入用户名称t1即可显示域用户的完整名称，如图7-3所示。确认用户名后即可查看该用户当前使用桌面及应用的运行状况。

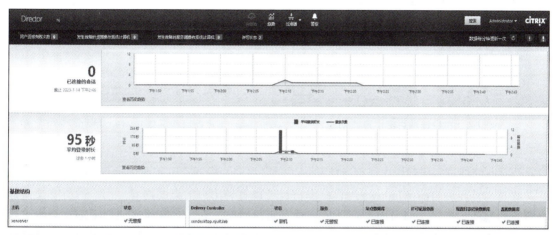

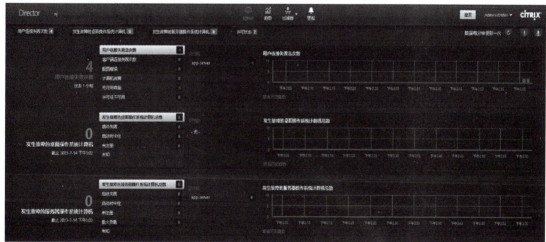

图7-2 系统实时状态信息

图7-3 搜索用户

管理员李某在用户详情页可以看到t1用户正在运行的应用程序、进程等基本信息，例如用户t1运行的IE浏览器的标签页为"无法显示此页"，可以猜测到当前用户上网遇到问题。

李某需要进一步了解用户当前桌面情况，单击"重影"按钮开始远程协助，如图 7-4 所示。

此时，李某主动向教师 t1 发起远程协助的请求，浏览器自动下载 Invite.msrcincident 文件，如图 7-5 所示。李某单击该文件后会运行 Windows 远程协助程序，主动向教师端请求远程协助，两端准备建立重影会话。

图 7-4　用户详情页使用重影功能

图 7-5　浏览器自动下载 Invite.msrcincident 文件

用户侧教师 t1 的桌面会弹出 Windows 远程协助的通知，如图 7-6 所示。需要用户 t1 确认后才会允许管理员连接到用户桌面，t1 单击"是"按钮，即同意管理员的远程协助请求。

此时，管理员侧的 Windows 远程协助窗口可以看到用户的桌面内容。用户的所有操作都会同步到管理员窗口，但目前管理员只能观看用户操作，无法实际控制用户桌面。为便于管理员进一步排查用户桌面的问题，管理员单击"请求控制"按钮，请求控制用户桌面进行操作，如图 7-7 所示。

图 7-6　用户桌面收到 Windows 远程协助请求

图 7-7　管理员请求控制用户桌面

此时，用户侧桌面会出现"Windows 远程协助"提示，单击"是"按钮将允许管理员控制用户的计算机进行操作，如图 7-8 所示。

输入域管理员账号和密码后，管理员可以在自己计算机上远程操作用户 t1 的桌面，排查用户的问题。待管理员远程协助用户完成任务后，管理员单击"停止共享"即可退出远程协助，此时管理员无法继续操作用户桌面。图 7-9（a）所示为管理员的远程协助窗口，图 7-9（b）所示为用户的桌面，管理员可以在用户桌面上操作进行问题排查，用户也可以看到管理员的操作。两者还可以通过聊天框讨论如何解决问题，这种方式非常便捷高效。

图 7-8 用户同意对方进行远程控制

（a）管理员的远程协助窗口

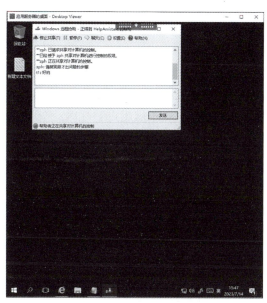

（b）用户的桌面

图 7-9 管理员控制用户桌面

7.4.2 PowerShell 自动化脚本

Windows 操作系统自带 PowerShell 工具，无须额外安装即可直接使用。本节要求在活动目录中，为计算机学院的网络 01 班级创建 50 个学生用户，用户名为 s1~s50。在项目 2 学习 AD 域服务时已经手动创建了 2 个学生用户，如果再手动创建 48 个用户来完成任务，估计没有人愿意做这种费时费力的重复任务。这时，自动化脚本的价值就得到体现。通过几行脚本就可以完成批量创建域用户的任务。

登录域控制器 dc 的界面，单击左下角 Windows 图标后，可以看到系统自带的 PowerShell 应用程序，如图 7-10 所示。PowerShell 包括控制台应用程序 PowerShell 以及带界面的

PowerShell ISE 集成环境。前者是纯命令行窗口，适合对命令非常熟悉的人员；后者是提供编辑代码窗口的集成开发环境，具有友好的图形界面，比较适合新手；但两者的基本功能是一致的。其中，后缀显示 x86 的是 32 位的控制台和集成环境；其他为 64 位。目前大部分操作系统均为 64 位，所以应该使用不带 x86 后缀的 PowerShell 或 PowerShell ISE。

图 7-10　PowerShell 应用程序

集成环境对于 PowerShell 初学者更友好，所以这里使用集成环境。单击 Windows PowerShell ISE 应用程序，打开集成环境。复制如下代码到集成环境的脚本编辑区。课程软件资源中包含该代码文件，文件名为 create-user.ps1。

```
$Password = "1qaz!QAZ"
$SecurePassword = $Password | ConvertTo-SecureString -AsPlainText -Force
3..50 |foreach-object {New-ADUser -Name "s$_" -SamAccountName "s$_" -path "OU=school-cs,DC=njuit,DC=lab" -AccountPassword $SecurePassword -Enabled $true -ChangePasswordAtLogon $false}
3..50 |foreach-object {Add-ADGroupMember net01 "s$_"}
```

脚本代码共计 4 行，前两行设置用户密码为 1qaz!QAZ，并避免明文密码在系统中出现。第 3 行代码较长，包含一个循环结构，for 循环在很多编程语言中都广泛使用，可以提高操作效率和准确性。由于域用户 s1 和 s2 已创建，所以循环从 3 开始至 50 结束。循环体内的命令是在域 njuit.lab 的组织单位 school-cs 中，创建域用户并设置密码。第 4 行代码同样包含一个循环结构，循环体内的命令是将用户加入组 net01。在编写代码的过程中，不要求读者完全读懂代码，只需要知晓关键的命令和参数即可，PowerShell 集成环境带有代码提示功能，同时参考官方文档可以帮助快速入门。

理解以上 4 行代码的基本功能后，在集成环境中单击"运行"按钮即可运行脚本，如图 7-11 所示。若底部控制台没有错误提示，则说明脚本运行成功。可以在此代码基础上扩展，编写其他功能的运维脚本实现自动化运维。

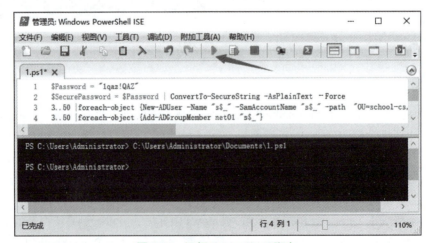

图 7-11　运行 PowerShell 脚本

7.5 项目测试

以域管理员身份登录域控制器 dc，在成功运行批量创建用户的 PowerShell 脚本后，进入"服务器管理器"的"Active Directory 用户和计算机"管理器，在组织单位 school-cs 中，可以看到 s1 至 s50 这 50 个用户。这 50 个用户中，s1 和 s2 是在项目 2 中手工创建的，而 s3 至 s50 是通过脚本自动创建生成的。为了进一步验证用户和组的隶属关系，双击组 net01，查看组 net01 的属性，在"成员"选项卡可以看到该组包含 s1 至 s50 这 50 个用户，如图 7-12 所示。

图 7-12 组 net01 包含的成员

借助几行自动化脚本，运维工程师就可以批量创建域用户，并将域用户加入对应组，非常轻松地完成用户批量管理的任务。PowerShell 是一种非常强大的任务自动化工具，可用于执行各种任务，包括文件操作、系统管理、网络管理等。

小 结

本项目主要讲解桌面云的基本运维，练习使用 XenDesktop 的 Director 组件对系统状态进行实时监控，并使用重影技术远程协助现场用户，高效解决用户问题。最后，通过使用 PowerShell 自动化运维工具，编写脚本实现批量创建域用户及加入组的功能。通过实用的示例和最佳实践，管理员可以更好地了解如何使用 PowerShell 脚本简化管理任务。对比手工创建方式，自动化运维方式可以快速提高工作效率，提高运维工程师的技能。

习 题

一、简答题

1. 简述 XenDesktop 桌面虚拟化系统的 Director 组件的作用。
2. 简述重影功能的作用。

3. 桌面运维工程师的日常工作包括哪些？

二、操作练习题

1. 登录 XenDesktop 的 Director 管理界面，查看系统实时运行状况。

2. 练习使用 Director 组件的重影功能远程协助桌面用户。

3. 使用 PowerShell 编写自动化脚本，实现在域 njuit.lab 的组织单位 school-cs 中批量创建 48 个教师用户，用户名称为 t3~t50，且均添加到组 dept-net 中。

项目 8 物理桌面运维

学习目标

- 了解物理桌面的业务场景。
- 理解物理桌面的工作原理。
- 掌握发放物理桌面的业务操作。

项目结构图

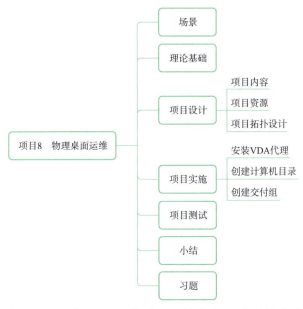

本项目讲解物理桌面的应用场景和工作原理，并构建实验环境发放物理桌面，重点介绍 XenDesktop 桌面云解决方案的 Remote PC Access 功能。

8.1 场景

管理员李某在校园网通过部署 XenDesktop 桌面云解决方案，实现了桌面虚拟化和应用虚拟化，并使用运维工具和自动化脚本解决了很多传统桌面运维的痛点。数据中心在经历了从 DaaS V1.0 到 DaaS V3.0 的 3 次版本迭代后，已从传统数据中心升级为云数据中心，即数据中心内的物理服务器均部署服务器虚拟化系统，并构成集群，结合高可用技术提升云数据中心的稳定性。但李某在做资产统计时，发现实验室及办公室仍有部分物理 PC 闲置，人工管理这些位于不同地理位置的 PC 的效率较低。借鉴桌面云管理系统的计算机目录的思想，如果能将这些 PC 集中系统化管理，将会有效提高闲置 PC 的利用率和管理效率。XenDesktop 桌面云解决方案提供了 Remote PC Access 技术，可以将物理 PC 集中管理并发放桌面给用户使用。这种技术非常适合本项目描述的业务场景。

8.2 理论基础

在部署 XenDesktop 桌面时，通常是利用虚拟化层的模板虚拟机生成虚拟桌面进行发布，运行在桌面虚拟机上的 VDA 代理软件可以使用户能够连接到桌面和应用程序。VDA 安装在数据中心内的服务器或桌面计算机上以实现大多数交付方法，但是也可以安装在物理 PC 上以用于 Remote PC Access。但有时需要将物理机作为桌面发放，可以使物理机被 XenDesktop 接管，并作为桌面发布。发布物理桌面需要在物理机上安装 VDA 代理软件，并在控制器 DC 中进行部署交付桌面的相关设置。物理桌面工作原理如图 8-1 所示。

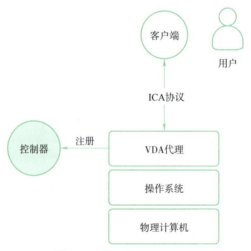

图 8-1　物理桌面工作原理

Remote PC Access 是 Citrix XenDesktop 桌面云解决方案的一项功能，使企业能够轻松地允许员工以安全的方式远程访问企业资源。平台允许用户访问其物理办公室 PC，从而使这种安全访问成为可能。如果用户可以访问其办公室 PC，从而访问完成工作所需的所有应用程序、数据和资源。Remote PC Access 方式无须使用对硬件要求较高的服务器虚拟化系统（如 XenServer），即可满足远程工作需求，这种方式非常适用于缺少服务器资源的企业。Remote PC Access 支持远程用户从任何运行 Citrix Receiver 客户端的设备访问他们办公室中的物理 PC。Remote PC Access 还支持局域网唤醒功能，用户可以使用此功能远程开启物理 PC。借助此功能，用户可以在办公室 PC 不使用时将其关闭，以节约能源成本。用户还可以在计算机意外关闭时自主远程开机访问,整个过程无须管理员干预,这样就可以有效应对突发停电等意外情况。

8.3 项目设计

8.3.1 项目内容

本项目作为全书的最后一个项目,介绍利用物理机发放桌面的实现过程。项目目的是将校园网中闲置的物理 PC 充分利用,并借助桌面管理系统对分散在校园各处的物理 PC 进行集中化管理。假设客户机 pc 为教师 t1 放置于办公室的物理 PC,t1 希望能够通过思杰桌面客户端在校园任何区域都能远程访问自己的专属计算机 pc。项目内容如下:

(1)为客户机 pc 安装 VDA 代理,启用 Remote PC Access 方式。
(2)创建计算机目录和交付组,将客户机 pc 的桌面交付给教师用户 t1。

8.3.2 项目资源

本项目所需的计算资源包括 1 台客户机和 2 台服务器,在实验过程中使用虚拟机模拟这些计算资源,计算资源配置见表 8-1。

表 8-1 计算资源配置

计算机名称	角色	配置	操作系统镜像名
dc	服务器:域控制器	2 个 CPU 内核, 1 200 MB 内存, 60 GB 硬盘, 1 个网卡	cn_windows_server_2016_vl_x64_dvd_11636695.iso
pc	客户机	2 个 CPU 内核, 2 048 MB 内存, 60 GB 硬盘, 1 个网卡	cn_windows_10_enterprise_2016_ltsb_x64_dvd_9060409.iso
xendesktop	服务器:桌面虚拟化系统	2 个 CPU 内核, 4 000 MB 内存, 60 GB 硬盘, 1 个网卡	cn_windows_server_2016_vl_x64_dvd_11636695.iso

8.3.3 项目拓扑设计

本项目不使用服务器虚拟化技术,即 XenDesktop 桌面虚拟化系统不对接 XenServer 之类的服务器虚拟化系统。用户的桌面计算机是独立的物理 PC 而非虚拟机,但用户访问桌面的方式及用户体验未发生变化。实验环境拓扑如图 8-2 所示。

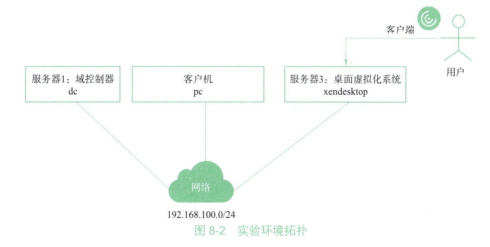

图 8-2 实验环境拓扑

本项目继续复用上一项目的环境，由于本节实验内容不需要使用 XenServer 服务器，为节省资源可以将虚拟机 xenserver 关机。在 Workstation 中，可以复用之前的虚拟机 pc 模拟实验室的 PC。根据业务需求，将 PC 的桌面发放给教师用户使用，在用户使用方式和使用体验等方面与虚拟机桌面基本保持一致。本项目的 IP 地址规格见表 8-2。其中，虚拟机 pc 使用 DHCP 方式自动获取由域控制器 dc 分配的 IP 地址，即用户在使用物理机桌面时，不需要像使用微软远程桌面那样必须记住计算机的 IP 地址才能连接使用。

表 8-2 项目 IP 地址规划

计算机名称	操作系统	域 名	IP 地址
dc	Windows Server 2016 数据中心版	dc.njuit.lab	192.168.100.10
xendesktop	Windows Server 2016 数据中心版	xendesktop.njuit.lab	192.168.100.30
pc	Windows 10 企业版	pc.njuit.lab	DHCP

8.4 项目实施

8.4.1 安装 VDA 代理

物理机与虚拟机一样，在发放物理桌面时也需要安装 VDA 代理才能向 XenDesktop 系统的控制器注册并接受管理。物理机安装 VDA 代理的步骤与第 5.4.1 节为模板虚拟机 win10-tmp 安装 VDA 代理的步骤相似，因此本节不再赘述，仅列出注意点。

（1）运行 VMware workstation，将项目 2 中使用过的虚拟机 pc 开机，并使用域管理员账号 njuit\administrator 登录。右击虚拟机 pc，选择"设置"命令，进入虚拟机设置界面。选择 CD/DVD 设备，在"使用 ISO 映像文件"选项中选择 XenDesktop 7.15 版本的镜像文件 XenApp_and_XenDesktop_7_15.iso 并确认挂载。进入虚拟机 pc 的桌面，打开文件资源管理器，双击 DVD 驱动器运行 XenDesktop 安装程序（若未自动打开安装程序，则进入 iso 文件目录执行 AutoSelect 应用程序）。产品类型选择 XenDesktop 并单击"启动"按钮。

（2）选择 Virtual Delivery Agent for Windows Desktop OS 选项。

（3）在"环境"对话框，选择"启用 Remote PC Access"选项，表示在已有的物理 PC 上安装 VDA 代理，并将其纳入 XenDesktop 控制器的桌面管理范围中，如图 8-3 所示。

（4）HDX 3D Pro 对话框使用默认设置；"核心组件"对话框取消选中 Citrix Receiver 选项；"附加组件"对话框使用默认设置。持续单击"下一步"按钮直至出现图 8-4 所示的 Delivery Controller 对话框。Controller 地址填写服务器 xendesktop 的域名信息，如 xendesktop.njuit.lab。注意此处的 Controller 地址必须填写域名，而不能填写 IP 地址。单击"测试连接"按钮，若出现绿色的勾号则说明客户机 pc 与服务器 xendesktop 的控制器组件可以成功通信；否则请检查网络连通性。确认无误后，单击"添加"按钮，将客户机 pc 注册到服务器 xendesktop 的控制器中，如图 8-4 所示。

（5）持续单击"下一步"按钮，所有配置均使用默认值，直至进入"摘要"对话框。单击"安装"按钮开始为客户机 pc 安装 VDA 代理，安装过程用时约 10 min。在 Smart Tools 对话框中选择"我不想参与 Call Home"选项。最后单击"完成"按钮，客户机 pc 将自动重启，VDA 代理软件必须在目标计算机重启后才能正常工作。注意：Remote PC Access 类型的桌面要求客户机安装 VDA 代理后，客户机所属用户必须先本地登录客户机，之后才可以通过 Receiver 客户端远程使用。由于客户机 pc 属于教师 t1，所以必须以域用户 t1 身份本地登录客户机 pc。完成本地登录后，客户机 pc 便可以 Remote PC Access 的方式交付给用户 t1 远程使用。

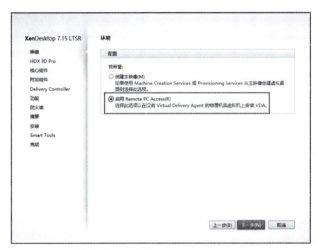

图 8-3　启用 Remote PC Access

图 8-4　添加控制器地址

8.4.2　创建计算机目录

创建步骤如下：

（1）以域管理员身份登录服务器 xendesktop，打开 Citrix Studio 管理界面，右击"计算机目录"，选择"创建计算机目录"命令。打开"操作系统"对话框，因为本次桌面发放的目标计算机 pc 用于模拟物理 PC，所以选择 Remote PC Access 选项，如图 8-5 所示。Remote PC Access 类型的计算机目录可以为用户提供对其物理办公室桌面进行远程访问的能力，支持用户随时随地办公。

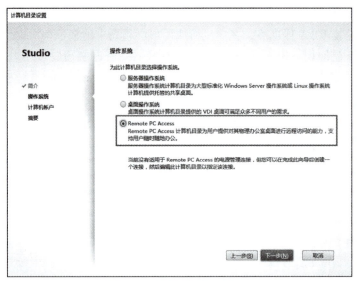

图 8-5 "操作系统"对话框

（2）在"计算机账户"对话框，单击"添加计算机账户"按钮，输入客户机 pc 在域 njuit.lab 中的计算机账户名，即 pc。确认添加后，可以看到客户机 pc 的计算机账户名称自动填充为 NJUIT\PC$，如图 8-6 所示。单击"下一步"按钮。

图 8-6 "计算机账户"对话框

（3）在"摘要"对话框，填写计算机目录名称，如 office-pc，如图 8-7 所示。该目录用于管理位于学校办公室的所有物理 PC，而非托管在虚拟化平台上的虚拟机。

8.4.3 创建交付组

创建步骤如下：

（1）进入 Citrix Studio 管理界面，右击"交付组"，选择"创建交付组"命令。打开"计算机"对话框，选择 8.4.2 节中创建的计算机目录 office-pc。需要将交付组和计算机目录关联起来，这样用户就可以使用到分配的桌面，如图 8-8 所示。

图 8-7 "摘要"对话框

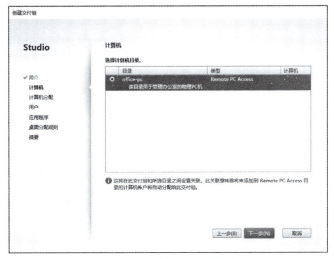

图 8-8 "计算机"对话框

（2）在"用户"对话框指定能够使用此交付组中的桌面的用户。本节需求为教师用户 t1 发放桌面，因此限制只有教师用户 t1 才能使用此交付组。单击"添加"按钮，输入教师 t1 的域用户名 t1 并确认添加，如图 8-9 所示。

（3）"桌面分配规则"对话框，添加要在启动桌面时向其分配计算机的用户或组。本项目的需求是客户机 pc 的桌面专属于教师 t1，因此需要添加分配规则。单击"添加"按钮，在"添加桌面分配规则"对话框中，填写桌面的显示名称和说明，例如"t1 的物理桌面"，选择"将桌面分配限制到"选项。单击"添加"按钮，在打开的"选择用户或组"对话框中输入教师 t1 的用户名 t1 并单击"确定"按钮，系统会自动补全为域用户名格式，如图 8-10 所示。

图 8-9 "用户"对话框

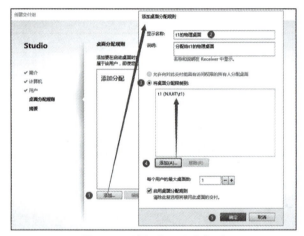

图 8-10 编辑桌面分配规则

（4）在"摘要"对话框，填写交付组名称，如"物理桌面交付组"，如图 8-11 所示。单击"完成"按钮，开始创建交付组。

图 8-11 "摘要"对话框

8.5 项目测试

在个人计算机上打开浏览器（推荐使用 Chrome 浏览器），在地址栏中输入 XenDesktop 系统的用户登录地址，如 http://192.168.100.30/Citrix/StoreWeb/，在登录界面输入教师 t1 的域账号和密码。单击"桌面"选项卡会展示当前用户的桌面列表，可以看到名为 PC 的桌面图标。单击该桌面图标即可下载 ica 文件，并自动调用 Receiver 客户端打开桌面。物理机桌面在使用体验上与虚拟化平台的虚拟机桌面保持一致。区别在于，若用户在使用桌面的过程中将桌面计算机关机，则用户无法在用户界面再次开机，只能求助于管理员手动将物理客户机开机。这一问题在大规模使用物理 PC 发布桌面时需要重点考虑，运维工程师可以通过对物理 PC 设置网络唤醒的方法，实现用户自助开机，从而有效解决该问题，提高桌面运维的工作效率。

小 结

XenDesktop 桌面云解决方案提供的 Remote PC Acces 方式，是一种允许用户远程访问其位于办公室的物理 PC 的简便有效的方法，用户无论身在何处都可以保持生产力。通过对比，基于服务器虚拟化平台发放虚拟机桌面给用户的方式更便于管理，用户可以自主重启出问题的桌面；基于物理机发放桌面的方式可以将闲置的 PC 充分利用，并使用桌面管理系统集中管理，但存在关机后需要设置网络唤醒或手动开启物理机的不便之处。在实际应用时，需要结合场景选择发放对应的桌面类型。

习 题

一、简答题

1. 简述发放物理机桌面的业务场景。
2. 简述在物理机上安装 VDA 代理的过程。

二、操作练习题

将项目 2 中已关闭的虚拟机 pc 开机并安装 VDA 代理，使用 Remote PC Access 方式将其桌面发放给网络工程教学部的教师用户 t1。

一、项目补充说明

1. 关于软件版本

大型云计算厂商的解决方案及产品线是非常完备的，例如 VMware、Citrix 等在业界处于领先位置的企业，业务几乎覆盖云计算的各个领域，其产品迭代和更新的频率也较高。在企业官网查看具体产品的版本信息时，通常会列出所有版本记录，有的是长期服务版，有的是最新版。到底该选哪个版本是很多人的疑惑点，并不是版本越新越好，使用提供长期服务的版本是比较合适的选择。本书选择的 XenServer 7.6 及 XenDesktop 7.15 均为长期服务版本，且与新版本在核心功能上保持一致，对资源要求低于新版本，所以比较适合教学。当然随着时间的推移，企业肯定会逐渐使用新版本部署生产环境。在掌握了本书关于 XenServer 7.6 以及 XenDesktop 7.15 的知识点后，可以比较顺利地过渡到最新的 Citrix Hypervisor 服务器虚拟化系统以及 Citrix Virtual Apps and Desktops 桌面虚拟化系统。

2. 关于实验环境

通过本书的学习，可以看到桌面云项目对硬件资源要求较高，涉及多台服务器并部署各种服务及组件，实施过程步骤多且比较复杂。结合学习者的实际硬件资源情况，目前笔记本计算机的内存标配是 16 GB，可以满足搭建一个最小化的桌面云实验环境，所以本书所有的项目都是在配备 16 GB 内存的个人计算机上进行设计并测试通过的，具备实验可行性。若想深入学习桌面云技术并继续使用 Workstation 软件模拟企业级桌面云环境，建议为个人计算机配置 32 GB 内存或使用多台物理机，可以达到更好的实验效果。

二、企业级桌面架构

在第 4.4.5 节创建站点的过程中，XenDesktop 的控制器需要连接托管平台，如图 1 所示。托管平台即用于运行虚拟机的服务器虚拟化平台。在选择连接类型时，下拉列表中包含 Citrix XenServer、VMware vSphere、Microsoft Azure、Amazon EC2 等主流云厂商的托管平台。思杰的 XenDesktop 产品不仅支持对接自己的 XenServer 平台，还具有良好的兼容性，能够适配目前主流的服务器虚拟化平台。可以看出，思杰与云计算行业的主流厂家之间保持了良好的合作关系，为企业桌面云项目的底层选型提供了多种选择。思杰桌面云产品具有良好的生态圈，因此在行业中具有较高的市场占有率。

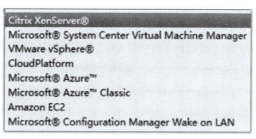

图 1　XenDesktop 可以对接的服务器虚拟化平台

目前在各类企业的生产环境中，VMware vSphere 云平台的使用占比较高，全球数百万 IT 管理员都在使用 vSphere，它是行业领先的计算虚拟化平台。VMware vSphere 是 VMware 公司的虚拟化平台，可将企业的物理数据中心转换为包括 CPU、存储和网络资源的聚合计算基础架构。比较有趣的现象是，Citrix 公司有自己的服务器虚拟化系统 XenServer 和桌面云虚拟化系统 XenDesktop；VMware 公司也有自己的服务器虚拟化系统 ESXi 和桌面虚拟化系统 Horizon。但 Citrix 的 XenDesktop 桌面虚拟化系统却与 VMware 的 vSphere 私有云形成最经典的组合，因此很有必要介绍这一经典组合的架构。vSphere 有许多独特功能使其成为 XenDesktop 虚拟桌面架构的最佳选择。在学习项目 1~项目 8 的过程中，逐步理解了 XenDesktop 与 XenServer 相结合构建桌面云的思想，后续再学习 XenDesktop 与 vSphere 的组合，就会发现不论各种产品组合如何变化，在整体结构上都是通用的。下面对基于 XenDesktop 与 vSphere 的企业级桌面云的架构进行介绍，如图 2 所示。

图 2　企业级桌面云的架构

企业级桌面云的架构采用分层结构，即下层为物理服务器层，上层为虚拟机层。企业在部署桌面云的过程中，根据员工对桌面的资源需求采购相应配置的物理服务器。VMware vSphere 私有云方案包括两部分：ESXi 负责服务器虚拟化，是用于创建并运行虚拟机和虚拟设备的虚拟化平台；vCenter 负责管理多个 ESXi 主机构成的集群，将主机资源池化并提供基于 Web 的管理界面。这种结构类似 XenServer 与 XenCenter 的关系。在物理服务器上部署 VMware 的 ESXi 服务器虚拟化系统，所有的 ESXi 服务器构成集群并通过 vCenter 虚拟机进行统一管理。管理员通过 vCenter 提供的管理界面对集群中的所有 ESXi 主机进行统一管理。

微软的域控制器是企业IT环境必不可少的基础架构。在桌面云项目中，域控制器通常以虚拟机形态运行在服务器虚拟化系统上。域控制器部署AD域服务后，可以提供终端用户身份验证功能。企业可以将现有IT环境中的DNS、DHCP、文件共享等服务与域控制器集成，为域网络提供基础服务。为保证域控制器正常工作，通常在项目中需要部署多台域控制器形成冗余结构，以预防域控制器发生单点故障。

在准备了服务器虚拟化系统及域控制器后，开始部署XenDesktop桌面虚拟化系统。由于XenDesktop系统包含很多功能组件，在项目4的实验环境中，采用All-in-one方式将所有组件都安装在一台虚拟机上；在实际生产环境中，为保障系统性能及业务稳定性，通常将各个组件单独安装在不同的虚拟机上。对于关键组件，如控制器DC、用户门户StoreFront、数据库DB等，建议部署在多台虚拟机上形成冗余结构，防止出现单点故障。

基于vSphere和XenDesktop的桌面云环境搭建完成后，可以根据实际需求制作桌面模板，并基于模板批量发放桌面虚拟机形成桌面池。当用户需要使用桌面时，系统从桌面池中分配桌面给用户。同时，也可以发布应用程序给用户使用。桌面的使用场景和业务操作已在项目5和项目6中完整介绍，需要多练习和应用。

三、总结与展望

桌面云技术为现代IT管理带来了硬件和软件层面上的改进，并有效保障企业的信息安全。由于数据的存储和处理等过程都在企业私有云进行，企业不再担心数据丢失或遭受病毒攻击，通过设置严格的权限管理，确保敏感信息不会被未授权人员访问。同时，企业不再需要购买由厂家定制的昂贵的硬件设备，而是使用价格较低的通用型服务器构建云平台，将计算资源和软件应用部署在云平台的服务器上，通过网络进行远程访问。这一举措不仅解决了硬件更新的问题，还大幅降低了维护成本，因为维护和升级只需要在服务器端进行，客户端无须变动。桌面云凭借众多优势，将成为现代企业IT转型的首选方案。

目前在桌面云领域，要想在虚拟桌面市场占有一席之地，必须要在增强用户体验、开放基础架构、细分系统方案、提升安全性能等方向上发力，能够在这三方面加速创新的企业，势必将引领桌面虚拟化产业的未来。除了商业公司的产品外，还有很多开源项目和技术可用于实现桌面云。例如，基于开源的KVM虚拟化技术并结合业务需求定制桌面云系统，可以更符合企业实际需求，并为企业节省高昂的产品授权费用。读者在理解本书内容后，可以尝试在开源领域探索更好的桌面云解决方案，助力国产桌面云的发展。

当前，中国桌面云行业主要将企业的桌面环境迁移到云端，以提高企业计算机资源利用效率，提高工作效率，提高企业数据安全水平的技术应用。随着云计算、大数据和人工智能技术的发展，桌面云正成为企业信息化转型的重要技术。在未来5G技术高速、低延迟特性的助力下，云桌面应用的交付速度将大大加快，甚至能够媲美基于本地终端的桌面应用交付速度，这将让下一代云桌面的应用范围大幅扩展，并覆盖到更多的物联网终端。

从市场发展趋势可以看出，中国桌面云行业未来发展前景不容小觑。桌面云行业的发展受到政府政策支持，政府在支持桌面云行业发展方面发挥着重要作用。此外，随着企业信息化水平的提高，桌面云行业的需求也在不断增加。企业对桌面云行业的需求也在不断增加，以提高企业的效率和安全性。"十四五"期间，随着中国数字经济的发展，企业上云用数赋智能力进一步增强，企业研发、生产、销售等全流程环节开始进入数智化阶段，推动中国桌面云市场快速发展，并为企业数字化升级快速赋能。

　　当前中国桌面云的部署以混合云为主，占比高达50%，在利好政策的实施下，中小企业信息化建设的需求持续释放，桌面云产品依托其高业务价值加速其在下游各场景的渗透。桌面云整体解决方案的最终用户覆盖政府、教育、金融、医疗、制造和零售等诸多行业，其中教育和政府行业是桌面云整体解决方案的最大市场。未来，桌面云会跟行业结合在一起，它的架构变得更加开放，更多的是使用开源的软件。同时，会跟企业的信息化架构紧密地结合在一起，跟应用的业务结合在一起，逐渐形成私有云和公有云融合的架构。

参考文献

[1] 张沛昊. 基于华为桌面云的高校云教室的设计与应用 [J]. 现代信息科技, 2021,5(13):124-127.

[2] 张沛昊. 高校云计算实训方案的设计与实现 [J]. 现代计算机, 2021(3):84-87, 116.

[3] 张沛昊. 高校超融合云平台的设计与实现 [J]. 现代信息科技, 2021,5(4):20-23.

[4] 杨云. Windows Server 2012 活动目录企业应用 [M]. 北京：人民邮电出版社, 2018.

[5] 刘金丰. 企业云桌面规划、部署与运维 [M]. 北京：机械工业出版社, 2019.

[6] 王培麟. 云计算虚拟化技术与应用 [M]. 北京：人民邮电出版社, 2017.

[7] 成杭. Citrix XenServer 企业运维实战 [M]. 北京：机械工业出版社, 2018.